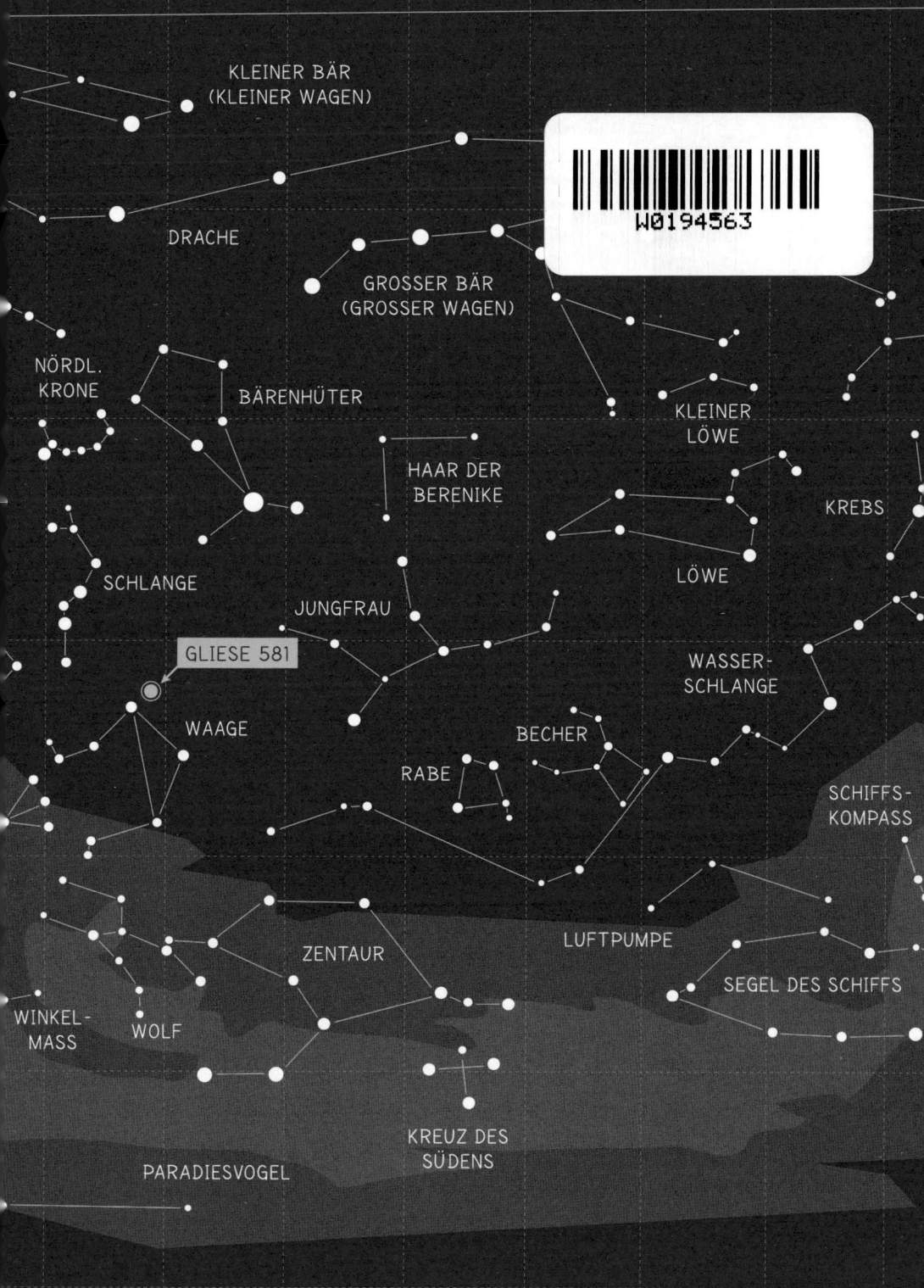

KLEINER BÄR
(KLEINER WAGEN)

W0194563

DRACHE

GROSSER BÄR
(GROSSER WAGEN)

NÖRDL.
KRONE

BÄRENHÜTER

KLEINER
LÖWE

KREBS

HAAR DER
BERENIKE

SCHLANGE

LÖWE

JUNGFRAU

WASSER-
SCHLANGE

GLIESE 581

WAAGE

BECHER

RABE

SCHIFFS-
KOMPASS

ZENTAUR

LUFTPUMPE

SEGEL DES SCHIFFS

WINKEL-
MASS

WOLF

KREUZ DES
SÜDENS

PARADIESVOGEL

SIND WIR ALLEIN IM UNIVERSUM?

LISA KALTENEGGER

SIND WIR ALLEIN IM UNIVERSUM ?

Mit Illustrationen
von Mandy Fischer

ecoWIN

FSC
www.fsc.org
MIX
Papier aus ver-
antwortungsvollen
Quellen
FSC® C012536

Das für dieses Buch verwendete FSC-zertifizierte Papier
EOS lieferte Salzer, St. Pölten.

Medieninhaber, Verleger und Herausgeber:
Red Bull Media House GmbH
Oberst-Lepperdinger-Straße 11-15
5071 Wals bei Salzburg, Österreich

Satz und Druck: Buch.Bücher Theiss, www.theiss.at
Illustrationen: Mandy Fischer
Gestaltungskonzept: Mandy Fischer
Umschlagabbildung: ESO/M. Kornmesser

Printed in Austria
ISBN 978-3-7110-0080-4

2 3 4 5 6 7 8 / 18 17 16 15

Für Lara Sky

INHALTSVERZEICHNIS

VORWORT

Mein Blick ans Firmament ist ein leidenschaftlich neugieriger. Weil wir da oben jede Nacht so viel mehr sehen als *nur* ein Sternenzelt. In jeder richtig dunklen Nacht funkeln Tausende Sterne wie auf tiefschwarzem Hintergrund aufgemalt. Aber diese funkelnden Lichter sind so viel mehr als nur wunderschön. Sie sind unser Blick in die Tiefen des Weltalls. Einige der Lichtstrahlen haben unvorstellbare Distanzen hinter sich, bevor sie auf unser Auge treffen. Sie zeigen Sterne, die gerade geboren wurden, andere das letzte Aufblitzen, bevor ein Stern in einer riesigen Explosion stirbt, wieder andere zeigen Sterne in der Lebensphase dazwischen. Genau genommen rasen diese wunderschönen Lichter durch das Universum – so wie unser Stern, die Sonne.

Je weiter Sterne von uns entfernt sind, desto schwieriger ist es, sie noch zu sehen. Ihre schiere Distanz entzieht sie unserem Blick. Aber mit immer größeren Teleskopen sehen wir tiefer ins All als jemals zuvor und entdecken neue, aufregende Facetten unseres Universums. Diese Entdeckungen verleihen dem Nachthimmel faszinierende Tiefe und Struktur.

Das Weltall birgt viele Geheimnisse, die wir gerade erst beginnen zu entschlüsseln. Eines der spannendsten ist die Frage, ob wir allein im Universum sind. Vor mehr als tausend Jahren wurde diese Frage zum ersten Mal aufgeschrieben und beschäftigte seither viele Wissenschaftler, Künstler und Schriftsteller. Doch erst jetzt, in diesen Jahren, ist die Technologie so weit, dass wir nach Planeten wie unserer Erde im All Ausschau halten können und Signale dieser Welten auffangen. Und wir lernen dabei fast täglich. Zum Beispiel, dass die meisten der entdeckten Planeten um andere Sonnen ganz anders sind als die, die wir kennen. So hätte es den ersten entdeckten Exoplaneten eigentlich gar nicht geben dürfen.

Je mehr wir über andere Planeten lernen, desto mehr lernen wir auch über *unsere* Erde und wie wir besser auf unseren *kleinen, blauen Punkt* im All aufpassen können. Und durch den Blick auf andere, ältere Erden könnten wir so auch einen ersten Blick in unsere mögliche Zukunft erhaschen.

Die Lichter am Nachthimmel sind Sterne, die von anderen Welten umkreist werden. Der Blick ans Firmament zeigt uns wunderschöne, funkelnde *Sonnen*. Unser Blick in die Tiefen des Alls wird somit auch zu einer neuen Sternkarte für ferne Entdeckungsreisen. Und diese Karte halten Sie gerade in Ihren Händen. Sie ist auf die Innenseite des Buchcovers gedruckt, das Sie gerade aufgeschlagen haben. Sie zeigt, wo es – nach den neuesten wissenschaftlichen Erkenntnissen – andere mögliche Erden am Firmament gibt. Mit bloßem Auge sehen wir manche dieser Sonnen nicht, aber sie sind für mich trotzdem fast greifbar nah, wenn ich mir den Nachthimmel anschaue.

Auf diese leidenschaftlich neugierige Reise zu den faszinierenden Welten möchte ich Sie mitnehmen. Für dieses Buch brauchen Sie kein Vorwissen, bringen Sie nur ein klein wenig Neugierde mit für die Reise zu anderen Welten. Aber auch wenn Sie ein Astronom sind, werden Sie neue Informationen hier finden. Die Entdeckung anderer Welten geht gerade mit großen Schritten voran und was Sie hier als fröhliche Comics zum Thema Exoplaneten finden, wird oder wurde gerade in der wissenschaftlichen Literatur publiziert – ohne hilfreiche Comics, versteht sich.

Ob auf einer dieser möglichen anderen Welten wohl auch gerade jemand fragt: »Sind wir allein im Universum?«

Lisa Kaltenegger, im Oktober 2015

MANCHMAL DENKE ICH,
WIR SIND ALLEIN.
MANCHMAL DENKE ICH,
WIR SIND ES NICHT.
IN BEIDEN FÄLLEN
→ IST ALLEIN
DER GEDANKE
ATEMBERAUBEND.

BUCKMINSTER FULLER
—ARCHITEKT—

1.

Kapitel

4,6 MILLIARDEN JAHRE EINSAMKEIT

>———▶

Unser Zuhause

Ein kleiner, blauer Punkt. Er schwebt im riesigen Dunkel des Weltalls. Fast verloren sieht er aus. Sein Stern ist ein ganz normaler Stern, einer von Milliarden in der Umgebung. Wir sehen den blauen Planeten nur deshalb, weil er das Sonnenlicht reflektiert, er produziert selbst kein Licht. Im Vergleich käme eine Milliarde Mal mehr Licht von seiner Sonne in unserem Teleskop an, wenn wir sie auch auf dem Bild hätten. Der winzige Punkt ist kaum sichtbar. Das ist unser Planet, die Erde. Ein winziger Punkt, eingebettet im tiefen Schwarz des Alls, auf dem beeindruckenden Foto, das 1990 die amerikanische Weltraumorganisation NASA von unserer Erde aufgenommen hat. Der Satellit *Voyager 1* warf damals von seiner Position jenseits der Saturnlaufbahn auf Drängen des Wissenschaftlers Carl Sagan einen Blick zurück auf unsere Heimat. Dieses Bild zeigt sie ganz anders, als wir sie von den Satellitenbildern kennen. Auf ihnen erscheint die Erde groß und robust. Das NASA-Bild, das von viel weiter weg aufgenommen wurde, zeigt unseren Planet hingegen verletzlich und überraschend klein. Die Erde ist der einzige Planet, von dem wir ganz sicher wissen, dass er Leben beherbergt. Und der Leben für uns Menschen ermöglicht. Wir sollten deshalb sehr vorsichtig mit ihm umgehen.

Für mich ist nach diesem Bild alles anders. Ab diesem Punkt der Menschheitsgeschichte wagten wir uns weiter in unser Sonnensystem hinaus als jemals zuvor. Und zum ersten Mal blickten wir aus dieser enormen Ferne auf unsere Erde. Bis heute gibt es kein Foto der Erde, das aus größerer Entfernung aufgenommen wurde. Der gleiche Satellit, der dieses Bild aufgenommen hat, *Voyager 1*, hat 2012 die Grenzen unseres Sonnensystems durchbrochen und fliegt weiter in die Weiten des Weltalls.

Über Tausende von Jahren war die Frage, ob wir allein im Universum sind, eine rein philosophische, weil uns die technischen Möglichkeiten fehlten, es herauszufinden. Jetzt ist das anders.

Die ersten *Exoplaneten* – so nennen wir Planeten, die nicht um unsere Sonne, sondern um fremde Sterne kreisen – haben uns überrascht. Sie sind ganz anders, als Astronomen das ursprünglich erwartet haben. Die Vielfalt unter den Tausenden entdeckten Exoplaneten ist beeindruckend. Der erste Fund um eine andere Sonne war 1995. Das heißt, jeder Teenager heutzutage hat schon immer zu einer Zeit gelebt, in der wir wussten, dass es Exoplaneten gibt. Davor hatten es sich Menschen bloß Tausende Jahre lang erhofft. Beweisen konnten sie es nicht. Die Forschung macht momentan bahnbrechende Fortschritte.

Egal, was in der Menschheitsgeschichte gerade alles schief läuft, das hier ist einmalig: Wie die großen Entdecker vergangener Jahrhunderte erforschen wir neue Welten. Schon jetzt haben wir dadurch Neues über das Universum und unseren Platz im Weltall gelernt. Und es zeigt sich: Andere Welten sind wirklich ganz anders. Wenn alles so wäre wie erwartet, dann würden wir nichts dazu lernen. Was ja langweilig wäre. Und langweilig ist die Suche nach anderen Planeten absolut nicht.

Die NEUE LIGA von PLANETEN

MINI-NEPTUN

SUPER-ERDE

HEISSER JUPITER

EISGIGANT

STEPPENWOLF

DIE NEUE LIGA SIND ENTDECKTE PLANETEN,
DIE ES IN UNSEREM SONNENSYSTEM NICHT GIBT:
Es gibt SUPER-ERDEN, die größer sind als
unser größter Felsplanet (die Erde);
MINI-NEPTUNE, die kleiner sind als
unser kleinster Gasplanet (Neptun);
HEISSE JUPITER, die durch die Nähe zu ihrem Stern extrem heiß sind;
EISGIGANTEN, die durch die weite Distanz zum Stern extrem kalt sind
und STEPPENWOLF-PLANETEN, Planeten, die allein durchs All fliegen.

Planeten, die es bei uns nicht gibt

Bei den neuen Entdeckungen handelt es sich um richtig neue Welten: *Heiße Jupiter* sind Gasplaneten, die in nur wenigen Tagen um ihren Stern kreisen und extrem heiß sind. Auf manchen ist es so heiß, dass sie teilweise im All verdampfen. Andere wiederum sind viel weiter von ihrem Stern entfernt als unser äußerster Planet. Diese ernomen Gasplaneten nennen wir *Eisgiganten*. In diesem großen Abstand zum Stern ist es so kalt, dass solche Planeten zusätzlich zu den riesigen Gasmengen zu einem Großteil aus Eis bestehen. Gasplaneten können überraschenderweise aber auch kleiner sein als in unserem Sonnensystem, das sind sogenannte *Mini-Neptune*.

Eine andere Art von Welt wurde kürzlich als Idee zu diesem Potpourri hinzugefügt, sogenannte *Steppenwolf-Planeten* oder frei fliegende Planeten. Solche Planeten wären nicht mehr an ihren Stern gebunden. Die Idee ist, dass Planeten erst um ihren Stern kreisen, aber dann aus ihrer Bahn geworfen werden, zum Beispiel durch kosmische Kollisionen. Dann würden sie danach allein durchs Weltall fliegen, wenn sie nicht in ihren Stern stürzen. Ob es solche Planeten wirklich gibt, ist noch ungeklärt. Auf solchen Planeten wäre es dunkel und ohne Sonnenlicht bitterkalt. Doch allein im Dunkel des Weltalls sind solche Planeten auch extrem schwierig aufzuspüren und nachzuweisen.

Die spannendsten Funde unter den entdeckten Exoplaneten sind für mich *Felsplaneten*. Unsere Erde ist ein Felsplanet. Die meisten sind um einiges schwerer als unsere Erde, sogenannte *Super-Erden*. Die schwerste bis jetzt entdeckte Super-Erde ist 18 Mal so schwer wie unsere Erde. Ob diese Super-Erden irgendwie *besser* als unsere Erde sind, wissen Astronomen noch nicht. Einige dieser Super-Erden sind ganz sicher nicht besser. Sie kreisen zu nahe um ihren Stern. Das macht sie wiederum zu einer neuen Klasse von Planeten, *Lavaplaneten*. Lavaplaneten sind alle Felsplaneten, die durch den kleinen Abstand zu ihrem Stern so heiß werden, dass sogar Gestein auf ihrer Oberfläche schmilzt.

Aber wie entdecken Astronomen diese fremden Welten?

Spurensuche im Weltall

Das Licht eines Sterns enthält Information über seine Planeten. Dadurch haben Astronomen tausende Exoplaneten entdeckt. Teleskope – von Hawaii über Chile, Namibia, Australien, Spanien und die USA – suchen vom Boden aus nach Exoplaneten. Am Boden müssen die Teleskope aber um einiges größer sein als im Weltall, da warme und kalte Luftschichten unser Bild vom Stern verzerren. Deshalb funkeln Sterne auch am Firmament. Unsere Luft lässt es jedenfalls so aussehen. Dieses Flimmern macht es schwieriger, kleine Planeten um sie herum aufzuspüren. Darum hat die französische Weltraumorganisation CNES mit der ESA 2006 einen kleinen Satelliten namens COROT gestartet. Mit einem kleinen Teleskop von nur 27 Zentimetern im Durchmesser hat COROT im All ohne verzerrende Luftschichten das erste Mal nach anderen Planeten gesucht. Er hat 2007 die ersten Exoplaneten im All erspäht, aber aufgrund seiner geringen Größe konnte er nur wenige Planeten entdecken. 2009 startete die NASA ein etwas größeres Weltraumteleskop mit dem Namen *Kepler*, um Planeten wie unsere Erde zu finden.

Das Weltraumteleskop Kepler ist auch ein kleines Teleskop, aber es misst immerhin 1,4 Meter im Durchmesser. Es war nur auf einen winzigen Teil des Firmaments nahe des Sternbilds Cygnus (Schwan) ausgerichtet. Dieser Fleck ist nicht größer als eine Hand, die man mit ausgestrecktem Arm gegen den Himmel hält. Doch so eine kleine Fläche beheimatet über 150.000 Sterne. Kepler hat dort Tausende Planeten gefunden. Weitere Tausende Planeten-Kandidaten untersuchen Astronomen noch genau auf eventuelle Messfehler, bevor sie offiziell zu Exoplaneten erklärt werden können. Die Tausenden von Welten, die Kepler uns gezeigt hat, lassen darauf schließen, dass es Milliarden von Exoplaneten in unserer Milchstraße geben muss. Und zu den wichtigsten Erkenntnissen zählt: Die meisten davon sind kleine Planeten.

Wenn es also Milliarden von Welten da draußen gibt und darunter auch potenziell lebensfreundliche Planeten, warum gibt es dann

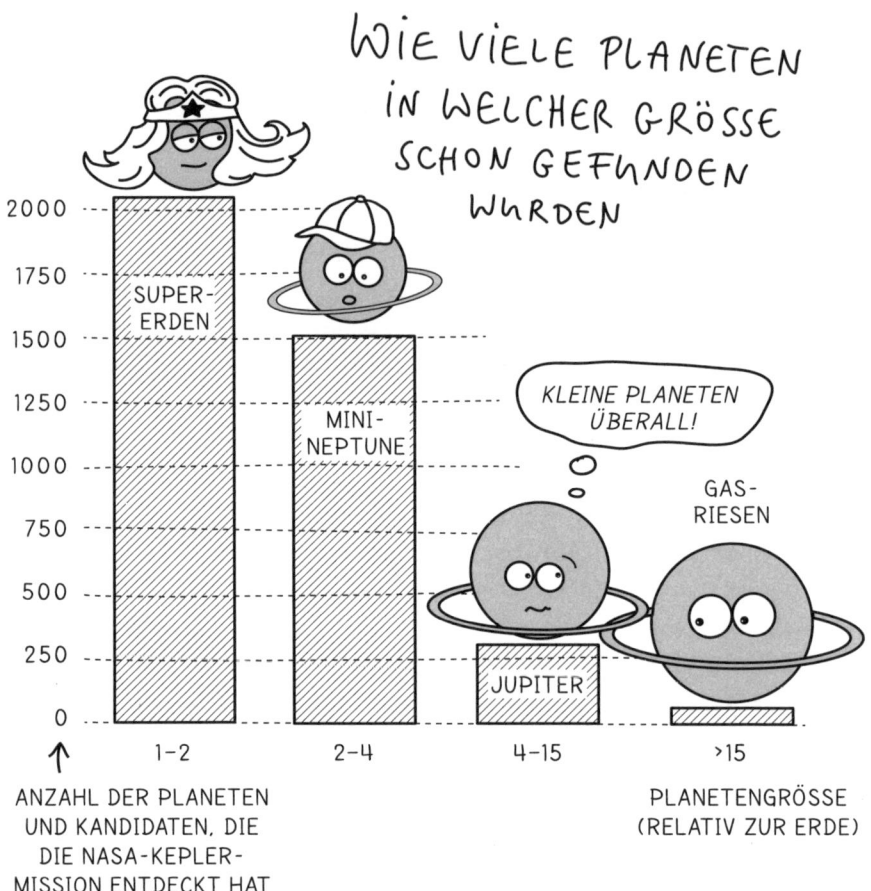

Wie viele Planeten in welcher Grösse schon gefunden wurden

ANZAHL DER PLANETEN UND KANDIDATEN, DIE DIE NASA-KEPLER-MISSION ENTDECKT HAT

PLANETENGRÖSSE (RELATIV ZUR ERDE)

eigentlich keine Außerirdischen, die uns besuchen? Und gibt es überhaupt anderes Leben im Universum? Bevor wir das genauer unter die Lupe nehmen, schauen wir uns einmal an, was es bedeutet, eine solche Frage wissenschaftlich zu beantworten.

Ein feuerspeiender Drache in der Garage

Wissenschaft ist die Zusammenarbeit von Menschen über Generationen hinweg, die uns dadurch Einblicke in die Natur und unseren Platz in einem bewegten Universum erlaubt. Wissenschaft ist aber kein starres Gebilde von festgelegten Ideen. Sie findet etwaige Fehler und korrigiert sich selbst. Das ist ihre Basis. Neugierde, Mut und hartnäckiger Optimismus gegen alle Widrigkeiten sind dabei auch nicht ganz unwichtig.

In der Wissenschaft reicht es nicht, dass jemand meint, etwas sei so oder so. Die lauteste Stimme und den längsten Bart zu haben, genügt hier nicht. Durch genaue Beobachtungen wurden immer wieder lang gehegte, falsche Vorstellungen entlarvt. Wenn wir die Behauptungen nicht nachprüfen können, dann wird die Idee, auch wenn sie uns logisch erscheint, nicht anerkannt. Wissenschaft prüft und hinterfragt immer. Von Angstmacherei und Effekthascherei lässt sie sich nicht beeindrucken, sondern arbeitet sich oft langsam, aber stetig an die Wahrheit der Dinge heran. Dies hilft uns allen. Weil wir, wenn wir die Welt um uns verstehen lernen – von Viren bis Naturkatastrophen –, Leben verbessern und Leben retten können. Und diese Neugierde und Herangehensweise beschränkt sich nicht nur auf Wissenschaftler. Das zeigt das wunderbare Beispiel vom feuerspeienden Drachen.

Der Astrophysiker Carl Sagan erzählte einst, er habe einen Drachen in seiner Garage. Den würden wir wohl alle gern sehen. Doch er behauptete, das ginge nicht, der Drache sei unsichtbar. Außerdem schwebe er in der Luft und würde deshalb noch nicht einmal Fußabdrücke machen. Und er spucke Feuer, aber Feuer, das nicht brenne und auch keinen Schaden anrichte. Auch wenn wir uns nicht bewusst sind, dass wir im Alltag wissenschaftliche Methoden anwenden, tun wir es erstaunlich oft. Wir hinterfragen den Drachen und wollen unabhängige Beweise. Ohne einen einzigen konkreten Hinweis, bis auf die reine Behauptung des Garagenbesitzers, würde ihm deshalb niemand die Garage mit dem unbeweisbaren Drachen für großes Geld abkaufen.

Denn wenn wir den Drachen weder sehen oder riechen noch anfassen können, dann bleibt es dahingestellt, ob es den Drachen wirklich gibt. Wir können natürlich nicht absolut ausschließen, dass es so einen unsichtbaren, geruchlosen, gestaltlosen Drachen geben könnte. Aber das heißt noch lange nicht, dass er existiert.

Genaue wertfreie Beobachtungen haben unsere Weltsicht schon unzählige Male auf den Kopf gestellt: Die Erde ist keine Scheibe. Wir fallen nicht über den Rand ins Nichts, wenn wir lossegeln. Wir sind weder das Zentrum unseres Sonnensystems noch das Zentrum unserer Galaxie. All diese revolutionären Entdeckungen machen mich nur noch neugieriger auf das Universum. Wenn wir nichts so Besonderes sind, müsste es dann nicht noch andere nicht so besondere Erden irgendwo geben?

Sehen wir uns die Frage nach den Außerirdischen also mal konkret wissenschaftlich an:

Wie viele Planeten mit Leben gibt es?

Wenn es Milliarden von Welten allein in unserer Galaxie gibt, wie können wir dann abschätzen, wo der nächste bewohnte Planet liegt? Und welche Vorkenntnisse und Messungen brauchen wir dafür? Als Erstes müssen wir herausfinden, wie viele Planeten es überhaupt gibt. Wie viele von ihnen umkreisen ihren Stern im richtigen Abstand, sodass sie Leben beherbergen könnten? Und als Letztes: Auf wie vielen der potenziell lebensfreundlichen Planeten entwickelt sich Leben?

Wenn wir all diese Fragen beantwortet haben, kennen wir die Zahl der Planeten mit Leben im Weltall. Die ersten beiden Fragen hat die aktuelle Forschung schon fast beantwortet. Beobachtungen zeigen, dass jeder zweite Stern von mindestens einem Planeten umkreist wird. Und dass jeder fünfte Stern einen kleinen Planeten im richtigen Abstand hat, sodass Leben dort theoretisch möglich wäre und wir es entdecken könnten. Eigentlich unglaublich. Wenn wir am Sternenhimmel nur fünf der Tausenden Sterne abzählen, dann wird im Mittel einer davon von einem potenziell lebensfreundlichen Planeten umkreist. Das heißt, es gibt irrsinnig viele potenziell lebensfreundliche Welten. Eine Milliarde allein in unserer Milchstraße!

Wenn wir gefrorene Planeten und Monde, wo es Leben in tiefen Ozeanen unter gefrorenen Eispanzern geben könnte, mit in unsere Rechnung hineinnehmen, steigt diese Zahl sogar noch. An dieser Stelle gehen uns die Informationen für unsere Rechnung leider aus. Was uns noch fehlt, ist eine Antwort auf die letzte Frage. Auf wie vielen lebensfreundlichen Planeten entwickelt sich auch tatsächlich Leben?

Die Frage ist noch komplett offen. Wir haben weder Beweise, dass Leben überall entsteht, noch, dass es nur auf der Erde entstand. Die anderen Planeten, die um unsere Sonne kreisen, einschließlich ihrer Monde, können uns in naher Zukunft erste Einblicke geben. Wenn wir dort Leben finden, dann heißt das, Leben entsteht oft, schon zwei Mal allein in unserem Sonnensystem. Darum lohnt sich die Suche auch vor der eigenen Haustüre, in unserem eigenen Sonnensystem. Aber auch ohne eine konkrete Antwort auf diese Frage haben Wissenschaftler bereits versucht abzuschätzen, wie viele Zivilisationen es geben kann. Vielleicht sogar ganz in unserer Nähe?

Die klassische Betrachtung dieser Frage wird auch Drake-Formel genannt. Sie wurde vom amerikanischen Wissenschaftler Frank Drake aufgestellt. Die Formel berechnet unter anderem, wie weit eine andere Zivilisation von der Erde entfernt sein dürfte. Aber sie schließt noch viel mehr Aspekte mit ein als die Frage, wie viele Planeten mit Leben es gibt.

Frank Drake war als Chef der SETI (Suche nach Extraterrestrischer Intelligenz) daran interessiert, Leben wie unseres zu finden, das gerade Radiosignale in den Weltraum schickt. Die SETI sucht nach Radio- und nach Lichtsignalen wie zum Beispiel gerichtete Laserblitze von anderen Zivilisationen. Bis jetzt haben sie nichts gefunden. Aber die Suche geht weiter. Radiosignale anderer Zivilisationen, am besten in Englisch, wären natürlich phänomenal. Sonst würde es wahrscheinlich schwer, die Nachricht zu verstehen. Allein wenn man nach China reist, gibt es schon erhebliche Kommunikationsschwierigkeiten.

Mit anderen Lebensformen wie beispielsweise Quallen oder einem anderen Tier Ihrer Wahl, die sich auch auf unserem Planeten entwickelt haben, ohne Blickkontakt und Gestik zu kommunizieren, ist fast unmöglich.

Diese Suche wird natürlich auch von der Hoffnung begleitet, dass wir dann einfach fragen könnten, wie wir unsere eigene Zerstörung verhindern. Aber spricht aus dieser Hoffnung nicht auch der Wunsch, wir müssten nicht selbst für unser Tun verantwortlich sein? Jemand anders könnte uns einfach retten! Das ist natürlich eine angenehme Vorstellung.

Um Zivilisationen mit Radioteleskopen zu finden, kommen zu unserer Rechnung, wie viele lebensfreundliche Planeten es gibt, noch andere Faktoren hinzu. Wie oft entwickelt sich eine beliebige Form von Leben zu einer Lebensform, die ein Radioteleskop bauen kann? Und wie lange hält die Radioteleskopphase an? Wir verwenden Radiosignale erst circa 100 Jahre. Diese Zeitspanne ist minimal im Vergleich zu den Milliarden Jahren, die es auf der Erde schon Leben gibt. Und unsere Technologie ändert sich jedes Jahr. Wir nutzen jetzt schon viel stärker das Internet und andere Informationskanäle, statt Radiosignale zu senden. Das heißt, wir müssten eine andere Zivilisation von Radiobauern genau in diesen 100 Jahren Radiotechnologie sehen, um sie aufzuspüren.

Oft wird die Radiostille da draußen so ausgelegt, dass sich vielleicht die meisten Zivilisationen zerstören, bevor sie sich überhaupt so weit entwickeln, dass sie Nachrichten schicken können. Eine relativ drastische Interpretation der fehlenden Radiosignale. Aber lange nicht die einzige. Eine andere wäre, wie erwähnt, dass ganz andere Technologien zur Kommunikation verwendet werden. Hinzu kommt, dass Radiosignale ähnlich wie Licht über kosmische Distanzen an Intensität verlieren. Deshalb könnten wir sie nur in unserer kosmischen Nähe auffangen. Dass es genau dort eine Zivilisation von Radioteleskopbauern gibt, die uns Nachrichten schicken wollen, ist nicht sehr wahrscheinlich.

Das heißt, wir sollten besser erst einmal selbst auf unseren Planeten aufpassen. Wenn uns jemand später noch einen guten Rat gibt, umso besser. Es käme auch darauf an, wie weit der Exoplanet weg wäre und wie oft wir Fragen stellen könnten. Wenn der Exoplanet 100 Lichtjahre entfernt wäre, müssten wir mindestens 200 Jahre auf eine Antwort warten. Das heißt, die Frage sollte gut formuliert sein. Wäre schade, wenn die Antwort *Wie bitte?* lautet.

Wo sind denn alle?

Wenn es Milliarden von Welten da draußen gibt und darunter viele Erden, warum gibt es dann keine Außerirdischen, die uns besuchen? Diese Frage hat vor mehr als 50 Jahren ein berühmter Physiker, Enrico Fermi, gestellt. Bestimmt hatten auch schon andere Leute sich dasselbe gefragt, nur waren die nicht so berühmt, dass es sich alle gemerkt hätten. Die Frage wird oft so dargestellt, als hätte Fermi gesagt, weil niemand uns besucht, kann es keine Außerirdischen geben. Das kennen wir ja zu gut, wenn man uns etwas in den Mund legt, obwohl wir es ganz anders gemeint hatten. Fermi unterhielt sich mit seinen Kollegen, nachdem sie sich über die Distanzen im Universum Gedanken gemacht hatten.

Diese Distanzen sind riesig. Wenn wir uns auf die Reise machen würden, wie schnell könnten wir unser Universum mit Raumschiffen erkunden? Selbst Licht mit seinen 1.000.000.000 Stundenkilometern braucht mehr als vier Jahre von der Sonne zum nächsten Stern. Nehmen wir einmal an, wir können in der Zukunft mit zehn Prozent der Lichtgeschwindigkeit fliegen. Dann brauchen wir bis zum nächstliegenden Stern schon über 40 Jahre. Das ist fast ein halbes Menschenleben. Wenn der nächste lebensfreundliche Planet jetzt nicht um den nächsten Stern kreist, sondern um den danach oder den danach, dann werden die Distanzen und die Zeit, die wir für die Reise bräuchten, immer länger und länger. Das erklärte für Fermi, warum es keine Außerirdischen auf der Erde gibt. Die Reisezeiten sind zu lang. Interpretiert wurde es danach so, als hätte er gesagt, es gäbe sie deshalb überhaupt nicht. Das hat sich in der Literatur als *Fermi-Paradox* eingebürgert, obwohl er laut Augenzeugen nicht viel dafür kann.

Wir, die Menschheit, machen gerade unsere ersten Schritte in den Weltraum. Es gibt unsere Fußabdrücke auf dem Mond, aber wir haben es noch nicht einmal zum Mars, unserem Nachbarplaneten, geschafft. Das heißt, wir sind wirklich noch nicht besonders interessant. Aber wenn wir es schaffen, uns nicht durch sinnlose Kriege oder den Klimawandel selbst zu zerstören, dann könnten wir in der Zukunft interessant werden – vielleicht sogar für andere mögliche Zivilisationen.

Gehen wir davon aus, es gibt viele spannende Welten zu entdecken. Dann stellt sich eine ganz andere Frage: Was würden wir tun, wenn Astronomen zwei erdähnliche Planeten finden würden? Einer wäre schon um einiges älter als unsere Erde, der andere circa 5000 Jahre jünger. Beide Exoplaneten würden Lebensspuren zeigen. Wenn wir nur zu einem der zwei fliegen könnten, welchen würden Sie als Ziel wählen?

Wo fliegen wir hin?

Mir wäre natürlich am liebsten, ich müsste nicht zwischen zwei wählen, sondern könnte zu jedem entdeckten Exoplaneten fliegen und ihn aus der Nähe erkunden. Mit dem *Raumschiff Enterprise* aus der gleichnamigen Serie ginge das sogar. Leider haben wir das nicht. Unser am weitesten gereistes Raumschiff ist der Satellit *Voyager 1*. Er hat als einziges von Menschen gefertigtes Objekt im August 2012 unser Sonnensystem verlassen. Trotzdem braucht er noch Tausende von Jahren allein zum nächsten Stern. Auch wenn es nicht möglich ist, selbst hinzufliegen, so können Astronomen heute mit Hilfe der größten Teleskope mehr und mehr Licht von Sternen und ihren Exoplaneten einfangen und so über kosmische Distanzen hinweg neue Welten erkunden.

Für die Suche nach Leben im Weltall konzentrieren sich Astronomen auf Felsplaneten wie die Erde. Planeten sind aber nicht die einzigen Himmelskörper, die möglicherweise Leben beherbergen können. Monde könnten auch Bedingungen für Leben zulassen, doch die sind noch schwerer aufzuspüren. Bis jetzt haben Astronomen keine *Exomonde* gefunden. Aber wir haben ja die Tausenden von Exoplaneten.

Das Licht eines Planeten enthält viele Informationen. Planeten wie unsere Erde reflektieren einen Teil des einfallenden Sternenlichts. Die Reflexion ist sozusagen ein Fingerabdruck des Planeten. Dieser Licht-Fingerabdruck zeigt auch, ob es auf dem Planeten Leben geben kann. Wie das genau funktioniert, werden wir uns später noch genauer ansehen.

Wir beobachten und entschlüsseln solche Licht-Fingerabdrücke schon jetzt für große Exoplaneten – *Heiße Jupiter*, *Mini-Neptune* und *Eisgiganten*. Um auch Felsplaneten genauer zu erkunden, müssen wir noch auf neuere, größere Teleskope warten, die mehr Licht einfangen und darum lichtschwächere, kleinere Planeten wahrnehmen können. Diese Teleskope werden in fünf bis zehn Jahren fertig gebaut sein. Unser Blick auf ältere Exoplaneten, ähnlich der Erde, ist auch ein erster Blick in unsere mögliche Zukunft. Eine Zukunft, über die wir noch einiges mehr lernen sollten.

Zurück in die Zukunft

Unsere Sonne wurde wie jeder andere Stern auch aus einer Gaswolke geboren. Sie wird am Ende ihres Lebens ihre Hülle abstoßen – als wunderschöner *Planetarischer Nebel* – und dann auskühlen. Wir wissen das, weil Astronomen viele Sterne, also andere Sonnen, in den verschiedensten Altersstufen beobachtet haben. Aus diesen Beobachtungen kann man schlussfolgern, wie es unserer Sonne ergangen ist und wie ihre Zukunft aussehen wird. Wir können somit die gesamte Lebensgeschichte der Sonne nachvollziehen, obwohl wir nur einen winzigen Bruchteil des Lebens der Sonne miterleben. So bauen wir das Puzzle des Lebens unserer Sonne zusammen.

Aber die Forschung funktioniert auch im Umkehrschluss. Die Suche und die Erforschung von Exoplaneten generell lässt Astronomen nicht nur nach Leben im All suchen, sondern sie lehrt uns auch, unseren eigenen Planeten, die Erde, besser zu verstehen. Andere Exoplaneten sind jünger oder älter als die Erde, weil sie um jüngere oder ältere Sterne kreisen. Wenn es erdähnliche Exoplaneten darunter gibt, könnten sie uns – wie bei der Lebensgeschichte unserer Sonne – Einblicke in die Lebensgeschichte einer Erde geben.

Wissenschaftler haben bis jetzt nur einen Datenpunkt: unsere Erde jetzt. Sie können sich durch alte Gesteinsfunde die Geschichte der Erde über ihre stattliche Existenzdauer von 4,6 Milliarden Jahren zusammenbasteln. Sie können Computermodelle, die auf detaillierten Beobachtungen unserer Erde über die letzten paar Jahrzehnte aufbauen, weiter über Tausende Jahre in die Zukunft laufen lassen. Aber je weiter sich diese Modelle von dem Datensatz »heute« entfernen, desto ungenauer wird die Vorhersage. Das sieht man schon beim Unterschied der Wettervorhersage für nächste Woche oder nächsten Monat. Große Trends wie globale Klimaänderung können Wissenschaftler vorhersagen, aber die Details, wann genau was passiert, sind ungenau.

Lebensfreundliche Exoplaneten und mögliche andere Erden am Himmel könnten diese Daten- und Wissenslücken in ferner Zukunft füllen. Einige davon werden älter sein als unsere Erde, einige jünger, da Sterne nicht alle gleich alt sind. Solche Ergebnisse würden einer Zeitreise gleichkommen, und wir könnten möglicherweise einen Blick in unsere Zukunft erhaschen. Und dadurch wichtige Prognosen für die Erde erstellen. Wenn die älteren Erden zum Beispiel viel Schwefel in ihrer Luft aufweisen, dann heißt das nicht, dass auch die Erde viel Schwefel in ihrer Luft ansammeln wird. Aber es wäre intelligent, eine

Technologie zu entwickeln, die Schwefel aus unserer Luft filtern könnte, nur für den Fall, dass das jeder Erde passiert.

Mögliche Erden am Firmament

Einige der Sterne, um die Exoplaneten kreisen, können wir am Nachthimmel sehen. Die Sternkarte auf der Innenseite des Buchumschlags zeigt, wo die Sterne, die von einem möglicherweise lebensfreundlichen Exoplaneten umkreist werden, am Sternenhimmel zu finden sind. Die Sternzeichen in der Karte dienen als Orientierung, egal, wo Sie sich auf der Erde befinden. Das silberne Band markiert unseren Blick in die Milchstraße. Bei gutem Wetter ist der ein oder andere Stern, der von einem Exoplaneten umkreist wird, schon mit bloßem Auge erkennbar. Diesen Stern dort umkreist ein Heißer Jupiter, den dort eine Venus und den dort – möglicherweise – eine andere Erde …

ICH WEISS NICHTS MIT GEWISSHEIT, ABER DER ANBLICK DER STERNE LÄSST MICH TRÄUMEN.

VINCENT VAN GOGH
— MALER —

2.

Kapitel

UNSER PLATZ
IM
UNIVERSUM

>———▶

Bevor wir uns den Welten innerhalb und außerhalb unseres Sonnensystems widmen, fragt sich, wo sich die Erde eigentlich im Universum befindet. Dieses Weltall ist natürlich unvorstellbar groß. Wie kann man etwas so Großes vermessen?

Im Alltag geben wir Entfernungen häufig in Autostunden an. München ist von Salzburg 1½ Autostunden entfernt – ohne Stau. Das entspricht 149 Kilometern. Weil die Distanzen im Weltall riesig sind, verwenden Astronomen etwas schnelleres als ein Auto, nämlich Licht. Einsteins Relativitätstheorie besagt, dass nichts schneller als Licht ist. Statt in Autostunden vermessen deshalb Astronomen das Universum in Lichtjahren. Ein Lichtjahr entspricht der Distanz, die das Licht in einem Jahr zurücklegt. Das sind unglaubliche 9,5 Billionen Kilometer oder 9,5 Millionen Millionen Kilometer. Lichtgeschwindigkeit beträgt circa 300.000 Kilometer pro Sekunde oder circa 1.000.000.000 Stundenkilometer.

Als Vergleich: Die Strecke Salzburg–New York ist 2,2 Hundertstel Lichtsekunden lang (circa 6600 Kilometer). Das heißt, Licht braucht

2,2 Hundertstel Sekunden von Salzburg nach New York. Der Abstand von der Erde zum Mond ist etwas mehr als eine Lichtsekunde lang (circa 384.400 Kilometer). Die Sonne ist etwas mehr als acht Lichtminuten weit von der Erde entfernt (circa 150 Millionen Kilometer). Soweit die Grundzüge.

Zum nächsten Stern sind es über vier Lichtjahre, eine riesige Distanz, die mit ihren 41 Billionen Kilometern die Vorstellungskraft sprengt. Es wird leichter, wenn man alles etwas zusammenschrumpfen lässt: Hätte das gesamte Sonnensystem die Größe eines Kekses, dann ist der nächste Stern im gleichen Maßstab zwei kosmische Fußballfelder weit weg. Die Sonne wäre dann so groß wie ein Staubzuckerkorn, also winzig.

Dass unser nächster Stern vier Lichtjahre weit weg ist, bedeutet auch, wir sehen ihn am Firmament, so wie er vor vier Jahren war. Jeder Blick zum Himmel ist also gleichzeitig ein Blick zurück in der Zeit und in die Vergangenheit des Weltalls. So ein anderer Stern kann das Licht, das wir gerade sehen, in dem Jahr ausgestrahlt haben, als Sie geboren wurden. Oder als Kolumbus Amerika entdeckte. Je weiter ein Stern von uns weg ist, desto länger braucht sein Licht bis zur Erde.

Wie auf der Erde sorgt auch es im Weltall für eine bessere Orientierung, sich die nähere Umgebung genauer anzuschauen. Da fällt einem als Erstes die Sonne ins Auge. Sie ist nicht gerade der größte Stern, doch das ist unser Glück, wie wir gleich sehen.

Unsere Sonne – ein ganz normaler Stern

In einer dunklen Nacht, weit weg von Großstadtlichtern, können wir an die 4000 Sterne am Himmel funkeln sehen. Wenn wir Nord- und Südhalbkugel zusammenrechnen, sind es 9096. Jeder dieser Sterne ist eine Sonne. Oder anders ausgedrückt, unsere Sonne ist ein ganz normaler Stern. Außer, dass sie für uns natürlich lebenswichtig ist. Die Energie der Sonne wärmt unseren Planeten und macht unter anderem

WENN
UNSER
SONNENSYSTEM ...

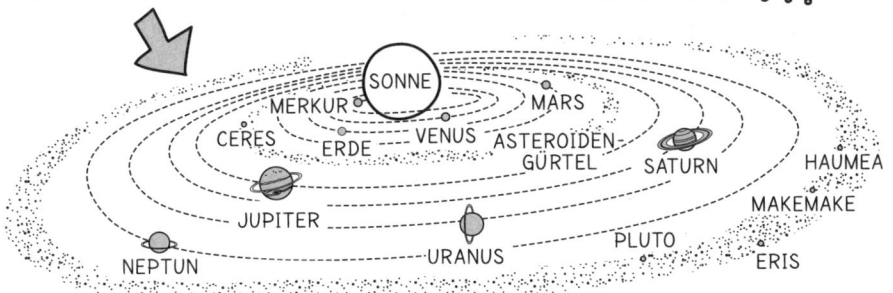

DIE
GRÖSSE VON
EINEM **KEKS**
HÄTTE,...

DANN WÄRE
DER NÄCHSTE STERN

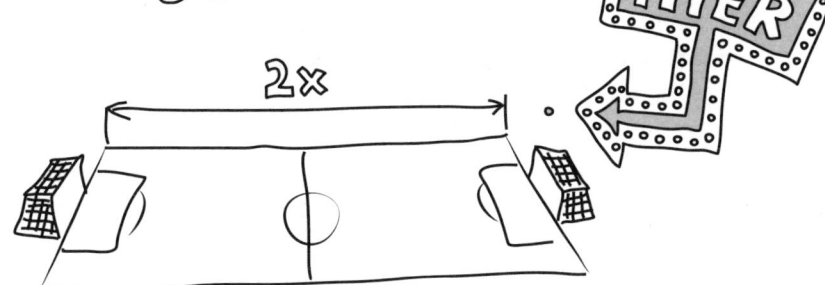

2 FUSSBALLFELDER WEIT ENTFERNT

Photosynthese möglich, wodurch der Sauerstoff produziert wird, den wir atmen. Doch wir können heilfroh sein, dass sie nicht größer ist.

Um das zu verstehen, ist es am besten, sich einen der größeren Sterne anzuschauen. Nehmen wir *Betelgeuse*, ein Stern, der leicht zu finden ist am Himmel, in der Schulter des Sternbildes Orion. Betelgeuse ist ein riesiger Stern. Er ist an die tausendmal größer als die Sonne, und dazu auch noch circa 20-mal schwerer. Wenn wir Betelgeuse an die Stelle unserer Sonne setzten, dann würde er die inneren Planeten in unserem Sonnensystem – Merkur, Venus, Erde und Mars – verschlingen, so groß ist er. Aber obwohl er diese Dimensionen hat und dadurch viel heller scheint als unsere Sonne und die meisten der anderen Sterne, ist er nur der neunthellste Stern am Sternenhimmel. Das liegt an der riesigen Entfernung bis zur Erde, 640 Lichtjahre. Denn Licht fliegt durch das Universum, doch es breitet sich kugelförmig aus, in alle Richtungen, das heißt, es muss mit größerem Abstand eine immer größere imaginäre Kugel ausleuchten. Darum ist *heller* am Himmel nicht gleich heißer oder größer, sondern oft einfach nur näher. Aber wie entstehen eigentlich Sterne?

Licht an

Ein Stern wird geboren, wenn eine riesige Gaswolke aus interstellarem Material kollabiert. Die Wolke besteht hauptsächlich aus Wasserstoff mit etwas Helium. In einem Zeitraum von circa 10–15 Millionen Jahren fällt die Wolke durch ihre eigene Schwerkraft zusammen und bildet kleine Globuli. Dabei entstehen heiße, rotierende *Protosterne*. Ein Protostern ist ein Stern, der noch keine Kernfusion im Inneren begonnen hat. Um ihn herum kreist ein scheibenförmiger Mix aus Material, das nicht in den Stern gefallen ist. Aus dieser Gas- und Staubscheibe entstehen später die Planeten.

Die äußeren Schichten des Sterns werden vom Kern angezogen und pressen den Protostern sozusagen immer fester zusammen, bis es

WARUM EIN STERN STRAHLT

SÄULEN DER SCHÖPFUNG IM ADLERNEBEL
Hier werden Sterne geboren.

HÖHE: 4 LICHTJAHRE

ENERGIEERZEUGUNG
IM ZENTRUM DES STERNS
DURCH KERNFUSION

KONVEKTIONS-ZONE

STRAHLUNGS-ZONE

KERN

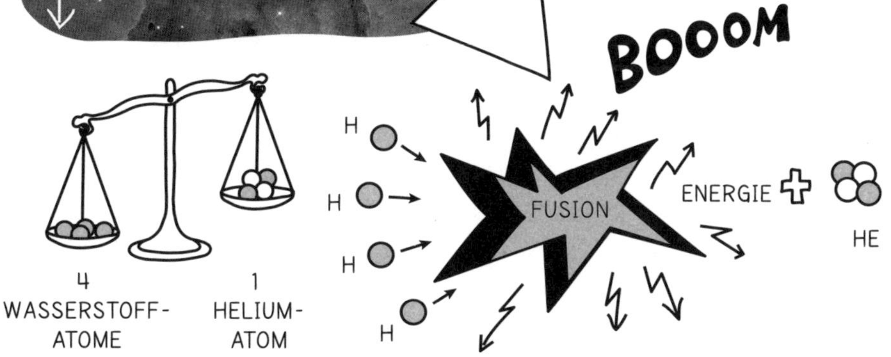

BOOOM

FUSION

ENERGIE ➕

HE

H

H

H

H

4
WASSERSTOFF-ATOME

1
HELIUM-ATOM

Vier Wasserstoff-Atome sind
schwerer als ein Helium-Kern,
zu dem sie fusionieren.

Der Unterschied in Masse zwischen
vier Wasserstoff-Atomen und
einem Helium-Atom wird als Energie frei.

$$E = m \cdot c^2$$

Laut Einstein kann Masse in Energie umgewandelt werden.
Darum strahlt unsere Sonne und jeder Stern.

tief im Inneren eines Sterns so dicht gedrängt und heiß wird – an die zehn Millionen Grad –, dass Wasserstoff-Atome schnell genug aufeinanderprallen, um miteinander zu verschmelzen. Sie fusionieren. Jeweils vier Wasserstoff-Atome verwandeln sich in diesem Verschmelzungsprozess zu einem Helium-Atom. Die vier einzelnen Wasserstoff-Atome haben aber zusammengenommen mehr Masse als das nun entstandene Helium-Atom. Dieses Gewichtsgefälle ist der Grund dafür, dass ein Stern leuchtet. Der Unterschied in der Masse geht nämlich als Energie verloren – nach Einstein ist ja Masse gleich Energie. Das ist die Energie, die unsere Sonne und andere Sterne an der Oberfläche als Licht und Wärme abstrahlen.

Eine wunderschöne Weltraumaufnahme von Hubble zeigt eine solche Stern-Kinderstube, den Adlernebel. Er ist 6.500 Lichtjahre von uns weg im Sternbild Schlange. Ein Teil des Adlernebels wird auch *Säulen der Schöpfung* genannt. Poetisch. Diese einzelnen Säulen sind vier Lichtjahre lang. Das heißt, sogar Licht braucht vier Jahre, um von einem Ende zum anderen zu fliegen. Diese Geburtsstätten von Hunderten von Sternen sind enorme Gebilde.

Der Stern ist fertig, wenn die äußeren Schichten des Sterns zwar weiterhin vom Kern angezogen werden und damit den Stern auch weiter zusammenpressen, aber der Druck durch die Kernfusion im Inneren der Anziehung entgegenwirkt. Aus diesem Grund sind Sterne auch immer rund.

Wie schon beschrieben, können die Ausmaße sehr unterschiedlich sein. Je reicher an Masse der Stern ist, desto heißer und dichter ist es in seinem Inneren, weil mehr Material den Kern zusammenpresst. Bei höheren Temperaturen läuft die Kernfusion auch schneller ab und ein Stern verbraucht seinen nuklearen Brennstoff in einem kürzeren Zeitraum. Solche Sterne leben trotz ihrer gewaltigen Masse weniger lang.

Ganz im Gegensatz zu kleinen Sternen, von denen nicht nur mehr geboren werden, sondern die im Vergleich zu ihren größeren Nachbarn auch länger leben. Denn sie haben weniger Masse, was ihr Inneres kühler und weniger dicht macht. Das lässt ihre Kernfusion langsamer ablaufen. Für die Entstehung von Leben sind sie also viel besser geeignet, weil einfach insgesamt mehr Zeit bleibt.

Sternenalter

Wir haben jetzt also einen erwachsenen Stern. Seine Mittelphase dauert Millionen bis Billionen Jahre. Aber auch der wird irgendwann alt. Wenn die Fusion im Kern aufhört, lässt der Druck gegen die Anziehung nach und das darüber liegende Sternmaterial presst den Kern noch fester zusammen. Dadurch steigt der Druck und mit ihm die Temperatur im Innersten. Um den Kern herum wird der restliche Wasserstoff verschmolzen, die Hitze in dieser Schicht lässt den Druck steigen und bläht den Stern auf. Durch dieses Aufblähen kühlt seine Oberfläche ab und der Stern wird zu einem *Roten Riesen*. Die Farbe eines Sterns verrät Astronomen, wie heiß er ist. Kühle Sterne sind rötlicher, heiße Sterne gelb, noch heißere weiß, noch heißere bläulich. Die Farbe ändert sich, weil ein heißer Stern mehr Licht bei kürzerer Wellenlänge abgibt. Blau hat eine kurze Wellenlänge und viel Energie. Rot hat eine längere Wellenlänge und weniger Energie. Wenn wir uns glühende Kohlen im Lagerfeuer anschauen, dann glühen die kühleren Kohlestücke rötlich, die heißeren weiß. So können Wissenschaftler allein mit der Hilfe von Teleskopen die Temperatur von Sternen messen. Obwohl die Oberflächentemperatur eines Roten Riesen abnimmt, ist er trotzdem insgesamt heller, weil der Stern in dieser Lebensphase so viel größer wird.

Mit fortgeschrittenem Sternenalter nimmt auch die Temperatur im Kern durch den Druck immer weiter zu. Ein Stern besteht, wie bereits erwähnt, zum Großteil aus Wasserstoff, *H*, und Helium, *He*. Bei den höheren Temperaturen verschmelzen immer schwerere Atome im Kern des Sterns. Bei 100 Millionen Grad verschmilzt He zu *Kohlenstoff* (die Grundlage für Leben, wie wir es kennen) und *Sauerstoff* (den wir atmen). Wenn die Temperatur im Inneren 600 Millionen Grad erreicht, verschmilzt Kohlenstoff weiter zu *Magnesium* (das wir in den Knochen haben). Je massiver der Stern ist, desto heißer wird es in seinem Inneren und desto schwerere Atome kann er im Inneren durch Fusion erzeugen und auch weiter verschmelzen. Dadurch sehen Sterne, die keinen Wasserstoff mehr im Kern haben, ähnlich aus wie eine Zwiebel. Je älter massereiche Sterne werden, desto mehr Schalen haben sie, in denen verschiedene Atome gerade verschmelzen. Das ist vergleichbar mit Baumringen, die das Alter des Baums angeben. Das schwerste Element, das auf diese Weise im Inneren eines massereichen Sterns wie Betelgeuse erzeugt werden kann, ist Eisen. Bei Eisen hört die Fusion auf und es kommt zu kosmischen Explosionen.

Kosmische Explosionen oder: Alles eine Frage der Masse

Kleine Sterne, die nur bis zu 30 Prozent der Masse unserer Sonne haben, glühen nach der Fusion von Wasserstoff zu Helium im Kern und dann in der Schicht um den Kern einfach aus. Sie kollabieren zu einem kleinen Himmelskörper von einigen Tausend Kilometern Durchmesser, sogenannten *Weißen Zwergen*. Diese kühlen weiter aus, bis sie kein Licht mehr ausstrahlen, dann nennt man sie *Schwarze Zwerge*. Damit sind sie sozusagen erloschen.

Dagegen zünden Sterne, die bis zu acht Mal so schwer wie unsere Sonne sind, nach der Wasserstoff-Fusion die Helium-Fusion im Kern. Bei den schwereren wird sogar Kohlenstoff fusioniert. Dabei wird oft die äußere Schicht des Sterns abgestoßen. Diese sieht man als *Planetarische Nebel*. Planetarische Nebel sind wunderschön und kosmisch flüchtige Himmelsphänomene. Sie dehnen sich immer weiter aus und verlieren an Dichte, bis wir sie nach Zehntausenden Jahren nicht mehr sehen können.

Die größten Sterne, die schließlich mehr als acht Mal so schwer sind wie unsere Sonne, verschmelzen die leichten Elemente stufen-

SO LEBEN SONNEN

RIESIGE GAS- UND STAUBWOLKE kollabiert und verdichtet sich.

PROTOSTERNE
Viele verschieden große Protosterne werden geboren.

GROSSER STERN

STERN

KLEINER STERN

ÜBERRIESE
Stern bläht sich auf.

ROTER RIESE
Stern bläht sich auf.

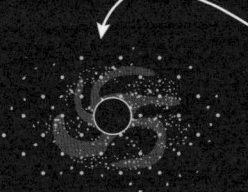

SUPERNOVA
Stern explodiert.

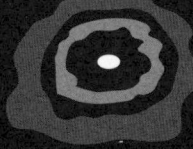

PLANETARER NEBEL
Stern stößt Hülle aus Gas und Plasma ab.

SCHWARZES LOCH
Extrem dichtes Objekt, kann sogar Licht einfangen.

NEUTROSTAR
Sehr dichtes Objekt, besteht nur mehr aus eng gedrängten Neutronen.

WEISSER ZWERG
Dichtes Objekt, besteht aus eng gedrängten Atomen.

weise in ihrem Kern, bis das Produkt Eisen ist. Bis zu dieser letzten Fusion setzt die Verschmelzung jeweils Energie frei. Danach wird der Kern weiter zusammengepresst, aber trotz immer höherem Druck und höherer Temperatur fusionieren Eisen und schwerere Elemente nicht mehr im Kern, weil ihre Fusion keine Energie freisetzt, sondern welche benötigt. Damit wird auch kein Druck mehr der Anziehungskraft entgegengesetzt. Die äußeren Sternschichten fallen plötzlich in Millisekunden als Stoßwelle auf den Kern und pressen ihn noch fester zusammen. Wenn der Kern so dicht gepresst ist, drängt sich nur mehr Atomkern an Atomkern, die sich unter dem Druck zu neutralen Atomkernteilchen (Neutronen) verwandeln.

Was im dramatischen Todeskampf des Sterns nun als nächstes passiert, kommt darauf an, wie schwer die Überreste des Sterns sind. Wenn die übrige Masse des Sterns kleiner als circa zwei Sonnenmassen ist, dann wird die Kompression schlagartig gestoppt – durch den sogenannten *Entartungsdruck,* den die Neutronen dem Zusammenpressen entgegensetzen. Dabei wird eine gewaltige Druckwelle erzeugt, die vom Sternenkern nach außen schnellt. In dieser heißen, komprimierten Gasschicht werden jetzt die Elemente erzeugt, die schwerer sind als Eisen, Kupfer, Silber oder Gold. Hinter der Druckwelle dehnt sich das heiße Gas schlagartig wieder aus und wird nur ein paar Stunden nach dem Kollaps des Kerns schon ins Weltall geschleudert. Der Stern explodiert in einer *Supernova.* Dadurch wird er kurzzeitig millionen- bis milliardenfach heller. Supernovae haben eine legendäre, ganz charakteristische Helligkeit, die noch über riesige Entfernungen sichtbar ist. Eine aufblitzende Supernova kann Astronomen in anderen Galaxien als Maßstab dienen und lässt sich nutzen, extrem weite Distanzen zu bestimmen. Wie viel vom Kern übrig bleibt, bestimmt das Endstadium des Sterns.

Wenn die gesamte Kernmasse kleiner als circa zwei Sonnenmassen ist, entsteht ein *Neutronenstern,* also ein Stern aus Neutronen, die dicht aneinander gedrängt sind. Der Druck der darüberliegenden Masse auf den Kern kann dann den Gegendruck der Neutronen

BEI GROSSEN SONNEN TICKT DIE UHR...
– SONNEN IM GRÖSSENVERGLEICH –

ALSO ICH– – –
...HAB ZEIT!

HE, BETELGEUSE,
PASS AUF, DASS DU
NICHT NOCH PLATZT!

PROXIMA CENTAURI
Masse: 0,123 Sonnenmassen
Lebenszeit: einige Billionen Jahre

UNSERE SONNE
Lebenszeit:
einige Milliarden Jahre

JA, DU HAST GUT REDEN!
BEI DIR IST NOCH
NICHT MAL HALBZEIT ...

BETELGEUSE
ist einer der größten Sterne und der
erste Stern außer der Sonne,
dessen Größe 1921 gemessen wurde
Masse: 7,7 Sonnenmassen
Lebenszeit:
einige Millionen Jahre

noch nicht überwinden. Falls das übrige Gewicht des Kerns aber mehr als drei Sonnenmassen ist, dann übersteigt die Anziehungskraft den Gegendruck der Neutronen und der Kern des Sterns kollabiert weiter. Es entsteht ein sogenanntes *Schwarzes Loch*, aus dessen Schwerkraft nicht einmal Licht entfliehen kann, wenn es ihm zu nahe kommt.

Das war's jetzt für den Stern, er ist erloschen. Aber das Universum steht nicht still. Der abgestoßene Teil des explodierenden Sterns wird nun wieder in das interstellare Material eingespeist, aus dem die nächsten Sterne und Planeten entstehen. Und mit jeder Sternexplosion entstand ein wenig mehr schweres Material, das zu dem ursprünglichen Gemisch aus Wasserstoff und Helium dazu kommt, das beim Urknall des Universums erzeugt wurde. Ohne Stern gäbe es keine schweren Elemente wie Kohlenstoff und Magnesium. So gesehen bestehen auch wir aus Sternenstaub.

Nochmal zurück zum Stern Betelgeuse. Wie schon erzählt, sind extreme Größe und Masse für Sterne kein besonderer Vorteil, da massereiche Sterne ihren nuklearen Brennstoff schneller verbrauchen. Betelgeuse ist noch keine zehn Millionen Jahre alt. Er ist aber schon um einiges weiter in seiner Entwicklung als unsere Sonne. Unsere Sonne befindet sich in der Mittelphase ihres Lebens. Sie ist 4,6 Milliarden Jahre alt. Erst mit circa elf Milliarden wird sie diese – glücklicherweise unaufregende – konstante Mittelphase ihres Lebens verlassen und auch zu einem Roten Riesen werden. Betelgeuse ist jetzt schon in der Riesenphase, das heißt, er hat sich bereits ausdehnt und hätte einen Planeten wie unsere Erde verschluckt – lange bevor mehrzelliges Leben dort hätte entstehen können. Darum konzentrieren wir uns bei der Suche nach Exoplaneten auf Planeten um Sterne wie die Sonne und kleinere, weil sie einige Milliarden Jahre Zeit für die Entwicklung von Leben lassen.

Die Milchstraße – mit Höchstgeschwindigkeit unterwegs

Wenn man in den Himmel schaut, könnte man denken, er sei unbeweglich. Wenn man im Juli zum Beispiel von Salzburg aus die Anordnung der Sterne betrachtet, sieht sie jedes Jahr ähnlich aus. In Sydney sieht das Firmament anders aus, weil man von der anderen Halbkugel der Erde andere Sterne oder *die andere Seite des Nachthimmels* beobachtet. Was man als die *andere* Seite empfindet, kommt natürlich darauf an. Das wird für einen Australier anders sein als für einen Europäer. Darum gibt es auch große Teleskope in verschiedenen Ländern, sodass Astronomen den gesamten Nachthimmel sehen können.

Aber so unveränderlich, wie uns unser Nachthimmel vorkommt, ist er gar nicht. Denn auch wenn wir es nicht merken, rast die Sonne mit unglaublicher Geschwindigkeit um das Zentrum unserer Galaxie, der Milchstraße. Die Sonne bringt es dabei auf beeindruckende 828.000 Stundenkilometer. Je nachdem, wie weit ein Stern vom Zentrum der Milchstraße entfernt ist, bewegt er sich unterschiedlich schnell. Die inneren Sterne kreisen dabei schneller um das Zentrum als die äußeren. Im Vergleich dazu erblassen die Höchstgeschwindigkeiten bei jedem Formel-Eins-Rennen. Zum Glück spüren wir die Geschwindigkeit nicht, weil sich ja unsere Luft mit uns mitbewegt. Aber wenn wir genau hinschauen, sehen wir die Spuren der rasanten Reisen am Firmament.

Wandelnde Sternzeichen

Diese Fahrt, die wir mit Milliarden anderer Sterne teilen, spiegelt sich auch – über Tausende Millennia betrachtet – am Firmament wider. Vor Millionen von Jahren sah der Sternenhimmel ganz anders aus als heute. Wenn wir mit einer fiktiven Zeitmaschine die junge Erde besuchen könnten, würden die vertrauten Sternzeichen dort am Himmel fehlen. Die Sternzeichen, die wir über Jahrhunderte hinweg mit beeindruckenden Legenden belegt haben, ändern sich mit der Zeit, weil ihre einzelnen Sterne oft nicht zueinander gehören und ihre eigenen Wege gehen. Einige davon sind helle Sterne, die weiter entfernt liegen. Einige sind weniger helle Sterne, die der Erde viel näher sind. Am Nachthimmel erscheinen sie uns gleich hell, weshalb wir diese scheinbar ähnlichen Sterne willkürlich zu Sternzeichen zusammengesetzt haben.

In einem kosmischen Zeitraffer könnten wir die rasante Fahrt der einzelnen Sterne über unser Firmament über Milliarden Jahre beobachten. Die einzelnen Sterne in den vertrauten Sternbildern bewegen sich in verschiedene Richtungen. Dadurch verzerren sich erst die bekannten Sternzeichen, bevor der Bezug der Sterne zueinander ganz verschwindet.

Egal, ob wir unseren fiktiven kosmischen Zeitraffer nach hinten oder nach vorne drehen würden, der jeweilige Nachthimmel wäre uns fremd. In der Zukunft wird die Anordnung der Sterne am Firmament aber sicher – sollten wir als Spezies überleben – mit neuen Geschichten und Legenden für die neuen Sternzeichen durchwoben, die wie unsere heutigen auf kosmischen Zeitskalen kurz aufflackern und dann vergehen.

Schwarzes Loch im Mittelpunkt

Doch warum bewegen sich die Sterne? Um was kreisen sie alle herum? Die Bewegung der Sterne um das Zentrum unserer Galaxie liefert uns den Schlüssel dafür, herauszufinden, was in ihrer Mitte liegt. Dort sind die Sterne so dicht gedrängt, dass wir gar nicht sehen, was sich in der Mitte genau befindet. Die mysteriöse Masse im Zentrum unserer Milchstraße ist enorm. Die Laufbahn der innersten Sterne, die wir um das Zentrum noch sehen können, verrät uns, wie groß der Raum in der Mitte in etwa ist und wie schwer. Der Anziehungskraft nach muss es im Zentrum eine Masse von Millionen Sonnen geben. Aber der Raum ist viel zu klein, um so viele Sonnen nebeneinander zu stellen. Selbst wenn diese Millionen von Sonnen zusammengepresst würden, bis die Atomkerne aneinanderstoßen, würde der Platz noch lange nicht ausreichen.

Diese enorme Masse auf derartig engem Raum ist so schwer und hat eine so starke Anziehungskraft, dass nicht einmal Licht schnell genug ist, um ihr zu entkommen. Es verschwindet sozusagen darin. Daher rührt auch der Name für solche Objekte – *Schwarze Löcher*. Ein Schwarzes Loch entsteht, wie beschrieben, wenn ein besonders schwerer Stern am Ende seines Lebens explodiert. Er kann sich auch andere Sterne oder andere Schwarze Löcher einverleiben, um weiter zu wachsen. Außerdem gibt es auch *superschwere* Schwarze Löcher. So eines sitzt nämlich im Zentrum unserer Galaxie. Wie diese riesigen kosmischen Staubsauger entstanden sind, als das Universum noch jung war, ist momentan noch nicht geklärt. Fest steht aber: Unsere Sonne umrundet dieses Schwarze Loch, zusammen mit mehreren Hundert Milliarden anderer Sterne.

Das Schwarze Loch im Zentrum der Milchstraße heißt *Saggitarus A*. Es ist Milliarden von Sonnenmassen schwer. Im Zentrum eines Schwarzen Lochs gibt es eine so enorme Masse auf kleinstem Raum, dass die Anziehungskraft dort quasi unendlich wird. Wir nennen diesen Punkt eine *Singularität*, weil unsere physikalischen Gesetze dort, im Zentrum eines Schwarzen Lochs, bei so großer Anziehungskraft nicht mehr funktionieren. Mit der Relativitätstheorie können wir trotzdem einige der Eigenschaften eines Schwarzen Lochs berechnen, wie zum Beispiel, wie nahe ihm das Licht kommen kann, bis die Anziehungskraft es einfängt. Dadurch, dass wir keinen Blick in ein Schwarzes Loch werfen können – weil kein Licht der Anziehung entfliehen kann –, tappen wir bei der Frage, was im Zentrum eines Schwarzen Lochs eigentlich vor sich geht, wahrlich noch im Dunkeln.

Der galaktische Kalender

Unsere Sonne rast mit über 800.000 Stundenkilometern um das Schwarze Loch herum, aber sie hat auch bei jeder Umrundung einen weiten Weg zurückzulegen. Die Sonne liegt ungefähr auf der Hälfte der Strecke zwischen der Mitte und dem Rand des sichtbaren Teils unserer Milchstraße. Sie ist 26.000 Lichtjahre vom Zentrum entfernt. Deshalb braucht sie 230 Millionen Erdjahre, um einmal um das Zentrum der Milchstraße zu fliegen, so riesig ist unsere Milchstraße. Diesen Zeitraum nennen wir das *galaktische Jahr*. Das heißt, die Menschheit muss auf ihren ersten galaktischen Geburtstag noch etwas warten.

Unser blauer Planet mit seinen 4,6 Milliarden Erdjahren ist selbst fast 20 galaktische Jahre alt, also noch ein Teenager. Die Dinosaurier sind vor etwas mehr als vier galaktischen Monaten ausgestorben (umgerechnet 65,5 Millionen Jahre). Die frühesten Funde von Homo Sapiens sind nur drei galaktische Tage alt (umgerechnet 2,8 Millionen Jahre). Trotz gewaltiger Reisegeschwindigkeit dauert es eine Weile, bevor wir das Zentrum der Galaxie von allen Seiten gesehen haben. So groß ist allein unsere Milchstraße. Aber wie sieht sie eigentlich genau aus?

Warum es kein Foto der Milchstraße gibt

Wenn man die Milchstraße von außen betrachten würde, sähe sie flach aus – wie alle Galaxien. Man kann sie sich vorstellen wie eine DVD mit einem Tischtennisball in der Mitte. Mit ihren Milliarden von Sonnen misst der sichtbare Teil circa 100.000 Lichtjahre im Durchmesser und ist im Mittel 1.000 Lichtjahre dick. Nur im Zentrum hinkt der Vergleich mit der DVD, darum der Tischtennisball. Weil die Sterne so dicht gedrängt sind, ist die Milchstraße dort 16.000 Lichtjahre dick.

Aufgrund dieser großen Distanzen ist das Betrachten von außen Zukunftsmusik. Die Raumsonde Voyager 1 ist bis jetzt am weitesten von der Erde weggeflogen – und fliegt immer noch weiter. Sie wurde 1977 gestartet und ist derzeit etwas mehr als 18 Lichtstunden entfernt – was gerade einmal knapp außerhalb unseres Sonnensystems ist. Aus 18 Lichtstunden Entfernung können wir kein Bild einer 100.000 Lichtjahre breiten Milchstraße aufnehmen. Das heißt, wir haben zwar kein Foto unserer Milchstraße, aber Astronomen können die Bewegung der Sterne in unserer Milchstraße messen. Dadurch wissen wir, dass wir in einer Spiralgalaxie leben. Im Universum gibt es viele weitere Spiralgalaxien ähnlich unserer. Für unsere Zwecke verwenden wir also eines dieser Bilder als einen Platzhalter für das unserer Milchstraße.

Die DVD-Scheibe der Milchstraße beherbergt die meisten der zwischen 200 und 400 Milliarden Sterne. Wenn wir in diese Scheibe hineinschauen, dann sind die Sterne so dicht hintereinander gereiht, dass wir sie am Abend am Firmament mit bloßem Auge nicht mehr als

UNSERE GALAXIE

= MILCHSTRASSE

ANDROMEDA
(nächste große
Galaxie)

ENTFERNUNG:
2,5 MILLIONEN
LICHTJAHRE

UNSER SONNEN-
SYSTEM

ERDE

UNSERE
SONNE

DIE
MILCHSTRASSE
VON DER
SEITE

26.000
LICHTJAHRE

1.000
LICHTJAHRE

100.000 LICHTJAHRE
(9,5 TRILLIONEN KM)

P.S.: SALZBURG › NEW YORK: ca. 0,0022 Lichtsekunden (ca. 6.600 km)
ERDE › MOND: ca. 1 Lichtsekunde (384.400 km)
ERDE › SONNE: ca. 8 Lichtminuten (150.000.000 km)

einzelne Lichtpunkte wahrnehmen. Das Licht von Tausenden Sternen verschmilzt zu einem hellen Band. Mit einem Feldstecher, der mehr Licht sammelt, sieht man an die 200.000 Sterne. Mit einem kleinen Teleskop von 76 cm Durchmesser immerhin über fünf Millionen Sterne – was trotzdem nur einen Bruchteil aller Sterne in unserer Galaxie ausmacht. Und unsere Galaxie könnte sogar noch wachsen.

Am Himmel braut sich etwas zusammen

Wenn unsere Umgebung nachts dunkel genug ist, können wir auch die nächste große Galaxie am Himmel erspähen: Andromeda. Andromeda ist wie die Milchstraße eine Spiralgalaxie. Sie liegt circa 2,5 Millionen Lichtjahre von uns entfernt. Andromeda ist circa 140.000 Lichtjahre im Durchmesser groß und hat etwas mehr Sterne als unsere Milchstraße. Aufgrund der unglaublichen Entfernung können wir nur den hellsten Teil von Andromeda sehen. Wenn wir sie ganz sehen könnten, wäre das ein unglaubliches Spektakel an unserem Himmel. Andromeda würde uns circa viermal so groß wie der Mond erscheinen. Und da alles im Universum sich bewegt, Galaxien inklusive, bewegt sich auch Andromeda, und zwar auf uns zu. Die Milchstraße und Andromeda dürften in circa vier Milliarden Jahren kollidieren. Das sollte dann zu einer Riesengalaxie führen. Ist aber nichts Außergewöhnliches, Galaxien kollidieren öfter. Der Abstand zwischen den Sternen ist sehr groß – Stichwort kosmische Fußballfelder – darum sollte es gar kein Problem für die einzelnen Sterne sein, wenn zwei Galaxien kollidieren.

Aber in vier Milliarden Jahren haben wir auf der Erde schon längst ganz andere Probleme, weil unsere Sonne – wie jeder Stern gegen Ende seines Lebens – heller wird. Die Erde wird schon davor richtig unwirtlich, das heißt, schon lange vor einem möglichen Zusammenstoß mit Andromeda. Wunderschön wäre es trotzdem, Andromeda in ein paar Milliarden Jahren so groß am Himmel zu sehen.

Wie viele Galaxien gibt es?

Immer wieder kann man am Firmament dunkle Stellen erkennen, scheinbar frei von Sternen. Aber gibt es dort wirklich keine Sterne? Das Hubble-Weltraum-Teleskop ist unsere größte Forschungskamera im Weltraum mit 2,4 Metern Durchmesser. Es erlaubt uns atemberaubende Blicke ins Weltall. Eine der schönsten Aufnahmen ist das Bild *Hubble Deep Field* von 1995. Das Hubble-Weltraum-Teleskop starrte dafür mehr als 100 Stunden insgesamt auf eine der dunkelsten Stellen am Himmel. Dank dieser sehr langen Belichtungszeit – insgesamt vier Tage – erscheint der dunkle Fleck am Himmel nicht mehr dunkel. Plötzlich erscheinen dort tausende Galaxien, die so weit von der Erde entfernt sind, dass wir sie ohne diese lange Belichtung nicht sehen konnten, weil sie zu lichtschwach sind. Dieser Ausschnitt des Firmaments ist nur einen Bruchteil so groß wie der Vollmond am Himmel. Es muss insgesamt Milliarden von Galaxien geben, wenn es in einem so kleinen Ausschnitt schon Tausende gibt. Jede diese Galaxien hat jeweils Milliarden von Sternen – und *mit* wahrscheinlich jeweils Milliarden von Planeten. Atemberaubend.

Am Anfang war ... der Urknall

Das Universum dehnt sich bis heute aus – vielleicht sogar für immer. Je weiter wir in die kosmische Ferne blicken, desto weiter schauen wir auch in der Zeit zurück. Am Anfang war der *Urknall*. Der Urknall fand nicht an einem bestimmten Ort statt. Er passierte überall gleichzeitig, er war die Entstehung von Raum und Zeit an sich. Unvorstellbar – auch für Astronomen.

Nach dem Urknall begann alles, sich voneinander weg zu bewegen. Alle Teile dehnten sich in alle Richtungen aus. Der Urknall war keine Explosion, wie wir sie kennen. Der Urknall war eine Explosion des Raums, der danach immer größer wurde. Im Grunde wie ein Hefekuchen mit Rosinen im Backofen. Dort bewegen sich auch alle Rosinen voneinander weg, weil der Teig überall aufgeht. Jede Rosine sieht, dass alle anderen Rosinen sich von ihr weg bewegen.

Je weiter eine Galaxie von uns weg ist, desto schneller scheint sie sich im Mittel von der Erde weg zu bewegen. Das beobachtete vor fast 100 Jahren der Wissenschaftler Edwin Hubble. Es liegt daran, dass sich der Raum an sich ausdehnt und sich somit auch alle anderen Galaxien von allen anderen weg bewegen. Deshalb kommt es auch zu dem sogenannten Rotverschiebungseffekt: Während eine Lichtwelle von einer entfernten Galaxie – oft über Jahrmilliarden – zu uns unterwegs ist, dehnt sich der Raum zwischen ihr und unserer Erde aus. Dadurch dehnt sich auch der Abstand zweier aufeinanderfolgender Lichtwellen-Berge aus. Zwei Lichtwellenberge definieren die Wellenlänge des Lichts. Also wird die Wellenlänge dadurch größer. Längerwelliges Licht erscheint uns röter. Das heißt, wenn eine Galaxie blaues Licht abstrahlt, wird dieses Licht immer rötlicher, je weiter es sich im Raum ausbreitet: Das Licht wird *rot verschoben*. Dadurch können Astronomen beobachten, dass und wie schnell sich das Universum ausdehnt.

Das *Hubble Deep Field* sieht in die Ferne und dadurch auch weit in der Zeit zurück. Es sieht unser Universum, als es nur 1,5 Milliarden Jahre alt war, also 12,3 Milliarden Jahre in der Zeit zurück. Zum Vergleich: Vor 4,6 Milliarden Jahren, als unsere Erde entstand, war das Universum schon 9,2 Milliarden Jahre alt. Eine neuere Aufnahme, das Bild *Hubble Ultra Deep Field* schaut noch weiter zurück: bis 450 Millionen Jahre nach dem Urknall. Es zeigt uns, wie Galaxien im jungen Universum aussahen. Aber wenn wir weiter und weiter hinausschauen, stoßen wir dann an einen Rand?

Wo ist der Rand des Universums?

In einem expandierenden Universum kann man die Frage *Wie weit ist etwas weg?* nicht intuitiv beantworten. Unser Universum ist erst circa

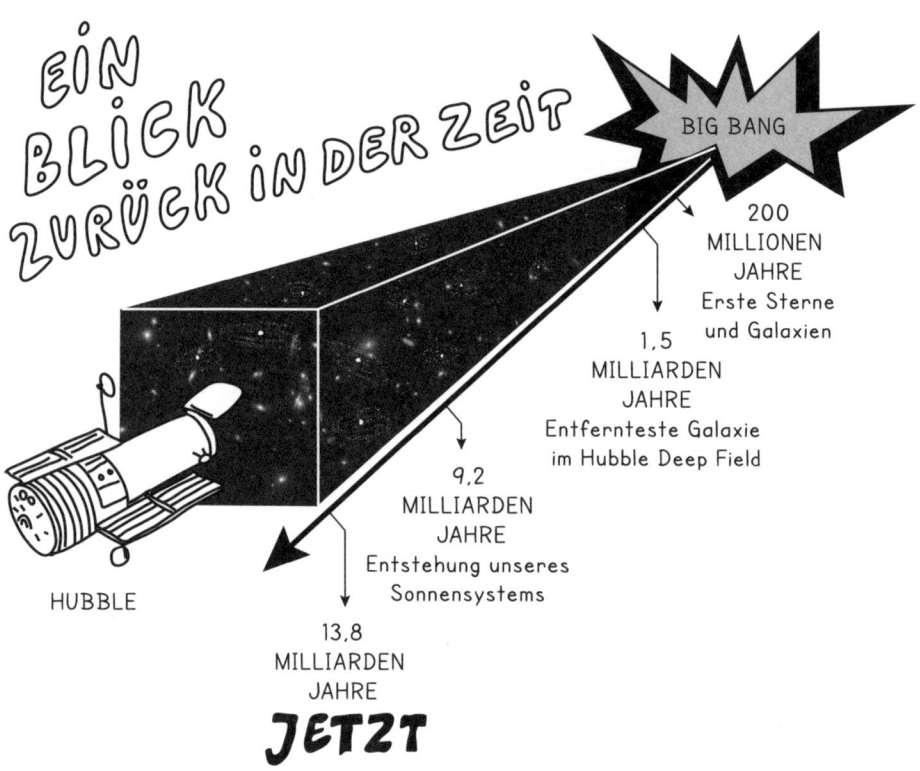

13,8 Milliarden Jahre alt. Also dürften wir eigentlich nur 13,8 Milliarden Lichtjahre weit sehen können, weil Licht Zeit braucht, um zu uns zu fliegen. Wir sehen aber weiter – weil sich das Universum seit dem Urknall ausgedehnt hat.

Dadurch, dass sich der Raum in alle Richtungen ausdehnt, passiert etwas Interessantes. Es kommt jetzt Licht bei uns an, dessen Galaxien damals, als das Licht ausgesendet wurde, näher bei uns waren, jetzt aber weiter weg sind. Darum hatte das Licht von damals einen kleineren Weg zu uns zu überbrücken. Und deshalb sehen wir um einiges weiter als die 13,8 Milliarden Lichtjahre, die seit dem Urknall vergangen sind. Berechnungen zeigen, dass wir Objekte sehen können, die mittlerweile 46 Milliarden Lichtjahre von uns entfernt sind. Das ist sozusagen der Teil des Universums, den Astronomen beobachten können. Bis jetzt sind wir da noch auf keinen Rand gestoßen. Unsere Teleskope sind auch noch relativ klein. Deshalb haben wir erst einen kleinen Teil der Himmelskörper gesehen. In der Zukunft werden wir noch mehr und mehr Facetten unseres Universums enthüllen.

Nach dem Blick auf unseren Stern sehen wir uns die anderen Himmelskörper genauer an. Es sind faszinierende Welten direkt in unserer Nachbarschaft ...

GEH NICHT, WOHIN DER WEG DICH FÜHRT, SONDERN DORTHIN, WO ES KEINEN PFAD GIBT, → UND HINTERLASSE EINE SPUR.

RALPH WALDO EMERSON
- AUTOR -

FASZINIERENDE WELTEN

IN UNSEREM SONNENSYSTEM

Planetensalat

Nachdem wir ziemlich genau bestimmt haben, wo unser Platz im riesigen Universum ist, folgt jetzt ein Heimspiel: unser Sonnensystem. Halten wir noch mal fest: Unser Stern ist die Sonne. Um sie kreisen die Planeten unseres Sonnensystems. Als hellster Stern am Himmel überstrahlt sie alle anderen Sterne. Einfach dadurch, dass sie uns so viel näher ist. Lediglich acht Lichtminuten sind es von uns bis zur Sonne, der nächste Stern ist dann schon vier Lichtjahre weit weg.

Planeten sind ganz anders als Sterne. Sie umkreisen einen Stern. Sie werden von ihrem Stern angestrahlt und nur dadurch, dass sie das Sternenlicht reflektieren, können wir sie aufspüren. In unserem Sonnensystem gibt es acht Planeten: Merkur, Venus, Erde, Mars, Jupiter, Saturn, Uranus und Neptun. Als Merksatz, welche Planeten es bei uns gibt, gilt: **M**it **V**ielen **E**xoplaneten **M**acht **J**eder **S**tern **U**ns **N**eugierig. Früher war Pluto auch in der Aufzählung dabei, der sich aber als Zwergplanet entpuppte und jetzt ohne Planetenstatus auskommen muss.

WENN MAN DIE DICHTE VON PLANETEN VERGLEICHT...

SATURN SCHWIMMT

BLUBB BLUBB

ERDE SINKT

Die vier Planeten, die nahe um die Sonne kreisen, sind Merkur, Venus, Erde und Mars. Diese vier inneren Planeten sind *Felsplaneten*, sie haben eine Gesteinsoberfläche, auf der man stehen kann, wie auf unserer Erde. Die Erde hat einen Mond, der Mars sogar zwei. Merkur und Venus sind leer ausgegangen, sie haben keine Monde.

Bei den vier äußeren Planeten handelt es sich um große *Gasplaneten*. Das sind Jupiter, Saturn, Uranus und Neptun. Alle vier haben Monde und Ringe, aber beim Saturn sieht man die Ringe am besten, da sie aus hell reflektierendem Eis bestehen.

Gasplaneten unterscheiden sich von Felsplaneten, weil sie eine andere Oberfläche und eine geringere Dichte aufweisen. Wenn wir Saturn in eine überdimensionale Badewanne werfen würden, würde er oben schwimmen – ähnlich wie ein Korken. Die mittlere Dichte von

Saturn ist kleiner als die von Wasser. Unsere Erde hingegen würde in der riesigen kosmischen Badewanne sinken wie ein Stein, genauso Venus, Merkur und Mars.

Die Oberfläche von Gasplaneten ist nicht fest, es handelt sich um Gasbälle, die irgendwann so dicht werden, dass das Gas durch den hohen Druck zunächst flüssig wird und schließlich in ihrem Kern fest. Die äußeren Gasschichten komprimieren dabei das darunterliegende Gas. Trotz ihrer Größe wiegen Gasriesen nicht sehr viel, da sie kaum aus Gestein oder Metallen bestehen, sondern überwiegend aus den Gasen Wasserstoff und Helium.

Wie unterschiedlich die Gas- und die Felsplaneten von der Größe her sind, kann man sich ganz einfach vorstellen, wenn wir sie mit einem Obstsalat vergleichen – einem neu interpretierten Obstsalat, mit Pfeffer und Tomaten.

Nachdem wir alles außer der Grapefruit aufgegessen haben, können wir sie für einen weiteren Größenvergleich verwenden, wofür wir noch ein Mohnkorn dazu nehmen. Die Größe der Grapefruit im Vergleich zum Mohnkorn zeigt den Größenvergleich der Sonne zur Erde. Die Erde passt 100-mal nebeneinander in den Durchmesser der Sonne. So wie 100 Mohnkörner aneinandergereiht so lang sind wie der Durchmesser der Grapefruit. Um jetzt noch ein Gefühl für die Entfernung zu bekommen, legen wir das Mohnkorn 100 Grapefruits weit weg von der Grapefruit hin. Denn zwischen die Sonne und die Erde passen circa 100 Sonnen. Obst spielte auch an einer anderen Stelle bei der Erforschung des Universums eine tragende Rolle.

Warum der Apfel Newton auf den Kopf fiel und wir nicht schweben können

Die Sonne, wie jeder andere Körper, zieht Objekte an. Wie stark die jeweilige Anziehungskraft ist, kommt auf das Gewicht an und auf die Entfernung zum Objekt. Im Alltag beobachten wir das ständig, wenn

EINMAL KOSMISCHER OBSTSALAT!

MARS
= BLAUBEERE

ERDE + VENUS
= KIRSCHTOMATE

JUPITER
= WASSERMELONE

SATURN
= GRAPEFRUIT

NEPTUN
= LIMONE

MERKUR
= PFEFFERKORN

URANUS
= APFEL

uns etwas aus der Hand fällt. Das klassischste aller Beispiele ist der berühmte Apfel, der dem Physiker Isaac Newton der Legende nach auf den Kopf gefallen ist. Und der dann Newton zu der Eingebung verholfen haben soll, wie Anziehungskraft oder Gravitation funktioniert. Der Apfel, der vom Baum fällt, wird von der Erde angezogen. Gleichzeitig zieht aber auch die Sonne den Apfel an und da sie 330.000-mal schwerer als die Erde ist, ist diese Kraft enorm. Generell verhält sich die Anziehungskraft eines Körpers proportional zu seiner Masse, das heißt, ein Körper, der zweimal so schwer ist wie ein anderer, zieht ein Objekt auch zweimal so stark an.

Nur ist die Sonne auch um einiges weiter weg. Wenn der Ast des Apfelbaums zwei Meter über dem Boden wächst, dann ist der Erdmittelpunkt vom Apfel zwei Meter plus den Radius der Erde, 6375 Kilometer, entfernt. Im Vergleich zu den 150 Millionen Kilometern bis zur Sonne also ein Katzensprung.

Mit wachsender Distanz des Objekts wird die Anziehungskraft schwächer. Wenn wir den Abstand verdoppeln, ist die Anziehungskraft nur mehr ein Viertel so stark, bei dreifacher Entfernung nur noch ein Neuntel. Der Apfel ist von der Sonne circa 20.000-mal weiter weg als von der Erde. Das vermindert die Anziehungskraft der Sonne erheblich und die Erde gewinnt: Der Apfel fällt auf den Boden. Die Erde zieht natürlich auch uns Menschen an, weshalb wir leider nicht fliegen können. Wenn die Anziehung der Erde und der Sonne auf uns gleich groß wären, würden wir schweben. Aber dann wäre es auch viel zu heiß und wir würden schwebend verglühen.

Der Erde entkommen

Satelliten und das Spaceshuttle haben Antriebssysteme oder werden von Raketen mit Geschwindigkeiten ausgesetzt, die genug Fliehkraft generieren, um die Anziehung der Erde auszugleichen. Um schließlich wieder ganz auf der Erde zu landen, muss nur die Geschwindigkeit abgebremst werden und die Anziehungskraft der Erde erledigt den Rest.

Um der Anziehungskraft ganz zu entkommen, braucht eine Rakete eine Geschwindigkeit von über 40.000 Stundenkilometern. Wenn man nur zum Mond will, reicht auch etwas weniger, weil der Mond noch im Anziehungsfeld der Erde liegt (sonst würde er ja nicht um die Erde kreisen).

Weil der Mond und der Mars um einiges leichter als die Erde sind, sind am Start auf dem Mond lediglich 8.500 und auf dem Mars 18.000 Stundenkilometer nötig.

Auf der Internationalen Weltraumstation ISS zum Beispiel herrscht Schwerelosigkeit. Das liegt daran, dass durch die Geschwindigkeit der ISS auf ihrer Umlaufbahn eine Fliehkraft nach außen entsteht, die genau die Anziehungskraft der Erde ausgleicht. Wenn sich die Kräfte gegenseitig aufheben, gibt es keine Richtung, in die man angezogen wird. Dadurch wird alles schwerelos und beginnt zu schweben. Wie die Astronauten. Die ISS ist am Abendhimmel übrigens leicht zu erkennen. Sie ähnelt einem hellen Stern, der sich schnell über den Himmel bewegt. Ein sichtbares Zeichen unseres Aufbruchs in Richtung Weltall.

Planeten als Weichenstellen

Mit den verschiedenen Anziehungskräften im Weltall können Astronomen sehr gut arbeiten. Sie verwenden diese Kräfte, um Satelliten ins innere und sogar bis ins äußere Sonnensystem zu schleudern. Das funktioniert so: Die Wissenschaftler fliegen die Raumsonde nahe genug an einem oder mehreren Planeten vorbei, sodass der Planet ihre Richtung jeweils ablenkt, ohne dass dafür viel Treibstoff aufgewendet werden muss. Treibstoff ist sehr teuer und unpraktisch, weil er das Gewicht der Sonde noch vergrößert. Nicht nur die Richtung, sondern auch die Geschwindigkeit der Sonde kann durch Planeten beeinflusst werden. Wenn sie einem Planeten folgt – der sie ja anzieht –, wird sie dadurch schneller. Wenn sie ihn entgegenkommend passiert, bremst seine Anziehungskraft ihre Geschwindigkeit. Die Raumsonde mag im Verhältnis zum schweren Planeten superleicht sein und doch verändert sie dessen Bahn auch – wenn auch nur ein ganz kleines bisschen.

Jupiter beschleunigte Voyager 1 auf ihrem Weg zum Saturn. Saturn schleuderte sie dann aus der Ebene der Planeten unseres Sonnensystems. Deshalb konnte Voyager 1 Bilder unserer Planeten und damit auch das Bild unserer Erde als blauer Punkt von über sechs Milliarden Kilometern Entfernung von oben gesehen aufnehmen.

Andere Missionen wären ohne solche Gravitationsmanöver gar nicht möglich. Manche Missionen sind so schwer, dass die größten Raketen der Welt ihnen nicht genug Geschwindigkeit mitgeben können, um sie bis zum Ziel zu bringen. Die Cassini/Huygens-Mission zum Saturn und dessen Mond Titan war fast neun Tonnen schwer. Auch sie benutzte Gravitationsmanöver, bis sie den Saturn erreichte, um uns von dort die ersten Bilder der Meere des Titan zu senden.

Voyager 1 hat gerade die Grenze des Sonnensystems zum interstellaren Raum um uns herum durchbrochen. Obwohl es gar nicht so leicht ist, zu sagen, wo unser Sonnensystem offiziell aufhört, da wir von dort draußen ja keine Beobachtungen haben. Aber aufgrund von genauen Messungen der Umgebung mit Instrumenten an Bord konnten wir mit dieser kleinen Raumsonde unseren ersten Schritt in den Raum zwischen den Sternen feiern.

Das Sonnenkarussell

Unser Sonnensystem ist wohlorganisiert. Seit Abermillionen Jahren hat hier jeder seinen Platz und bleibt auch dort, denn die Fliehkraft der Erde ist genau gleich groß wie die Anziehungskraft der Sonne. Weshalb die Erde auch nicht von der Sonne wegdriftet oder in sie hinein fliegt, sondern immer schön auf ihrer Bahn bleibt. Das kann man sich vorstellen wie bei den Schaukeln eines Kettenkarussells in voller Fahrt. Die Sonnenanziehung ist wie die Kette des Karussells, sie hält die Planeten quasi fest. Das funktioniert für jeden Planeten in unserem Sonnensystem gleich. Venus ist ungefähr gleich schwer wie die Erde. Sie liegt aber näher an der Sonne als die Erde. Deshalb zieht die Sonne sie stärker an. Um die höhere Anziehungskraft der Sonne auszugleichen, muss sie sich schneller bewegen und mehr Fliehkraft er-

WIE SCHNELL PLANETEN SICH BEWEGEN

AUSSEN LANGSAMER,
INNEN SCHNELLER –
ÄHNLICH WIE BEI
EINEM WASSERSTRUDEL

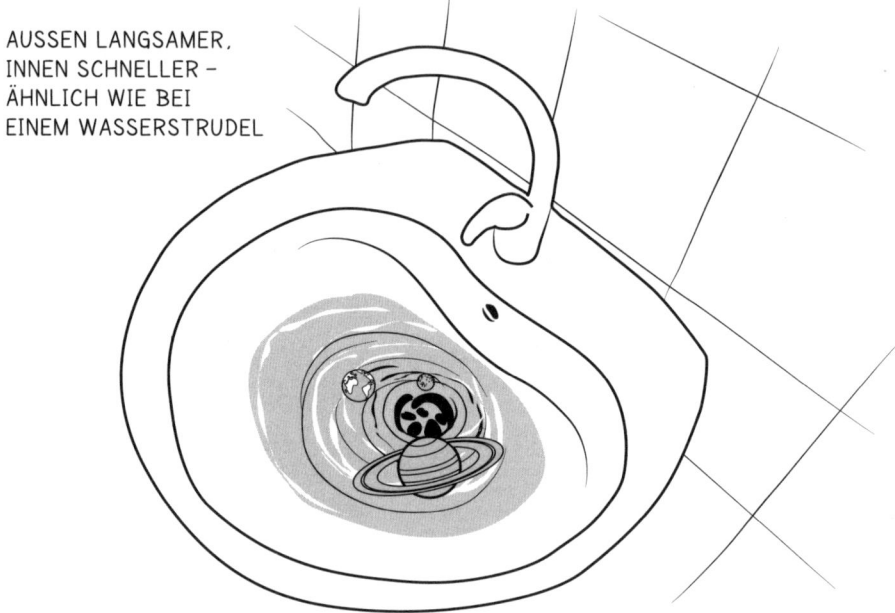

zeugen. Je näher ein Planet um den Stern kreist, desto schneller muss er also kreisen, um nicht in seinen Stern zu fallen.

Mars, der weiter entfernt von der Sonne und auch leichter als die Erde ist, genügt eine geringere Geschwindigkeit, um genug Fliehkraft zu erzeugen und die Anziehung auszugleichen. Dieses Wissen, wie lange ein Jahr auf einem Planeten dauert – also wie lange eine Umrundung seine Sonne dauert –, ist zentral in der Astrophysik, denn damit können wir den Abstand jedes Planeten zu seinem Stern berechnen. Wir nennen das die *Keplerschen Gesetze.*

Die Keplerschen Gesetze verknüpfen den Abstand eines Planeten mit der Zeit, die er braucht, um seinen Stern zu umkreisen. Mars braucht fast doppelt so lange, um die Sonne zu umkreisen als die Erde. Ein Marsjahr dauert 678 Erdtage. Auf der Venus dauert ein Jahr nur circa 7,5 Erdmonate. Um die Keplerschen Gesetze zu visualisieren, müssen wir nur an den Strudel denken, der entsteht, wenn wir Wasser im Waschbecken auslaufen lassen. Da bewegt sich auch das Wasser außen im Strudel weniger schnell als innen. Aber relativ gesehen ändert sich dadurch der Abstand der Planeten zueinander.

Unser Abstand zum Mond und zur Sonne bleibt in etwa konstant. Aber unser Abstand zu den anderen Planeten ändert sich, da sie alle die Sonne mit unterschiedlichen Geschwindigkeiten umfliegen. Das ergibt für Raumsonden zum roten Planeten Mars unterschiedliche Reisezeiten und sorgt dafür, dass Mars-Rover nur ganz langsam rollen.

Hallo Mars!

Der Abstand von der Erde zum Mars beispielsweise ist nur drei Lichtminuten (55 Millionen Kilometer) lang, wenn Mars und Erde sich auf der gleichen Seite der Sonne befinden und sich am nächsten sind. Der Abstand von der Erde zum Mars beträgt aber 22 Lichtminuten (401 Millionen Kilometer), wenn beide sich auf verschiedenen Seiten der Sonne gegenüberstehen. Durchschnittlich sind es 12,5 Lichtminuten zum Mars. Jede Mars-Mission muss die Bewegung der beiden Planeten zueinander einplanen, um die Route eines Satelliten genau zu berechnen. Für die Strecke zum Mars brauchen die Rover-Missionen mit heutigen Raketen und Antriebstechnologien um die 300 Tage. Obwohl es nur ein paar Lichtminuten sind, müssen sie bei der Kommunikation mit den Rovers am Mars stets berücksichtigt werden.

Der Mars-Rover *Opportunity*, der seit Januar 2014 den roten Planeten erforscht, kommt nur auf eine Maximalgeschwindigkeit von 0.18 Stundenkilometern. Er fährt deshalb so langsam, weil es zwischen drei und 22 Minuten dauert, bis wir ein Kommando zum Mars schicken können. Wir kommunizieren mit *Opportunity* über Radiowellen, die sich im Weltall mit Lichtgeschwindigkeit ausbreiten. Sagen wir, der Rover käme plötzlich an eine unvorhergesehene Klippe. Bis wir auf der Erde die Klippe sehen, dauert es mindestens drei Minuten und dann noch einmal drei Minuten, bis wir Stopp sagen können. Und das auch nur, wenn der Mars uns gerade am nächsten ist, sonst dauert es länger. Aus diesem Grund ist es besser, die Rovers fahren richtig schön langsam. Wir wollen sie ja nicht am Fuße eines Abgrunds wiederfinden.

Kosmische Kollisionen und unser Mond

Im All kommen Unfälle allerdings öfter vor. Und sie können so ein schön geordnetes Planetensystem gefährlich durcheinander bringen. Eigentlich wird die Geschwindigkeit eines Planeten schon bei seiner Entstehung bestimmt. Kosmische Kollisionen können die Geschwindigkeit eines Himmelskörpers jedoch ändern und so seine Bahn destabilisieren. Wenn ein Planet langsamer wird, fällt er in seinen Stern. Wenn er schneller wird, rutscht er weiter nach außen. Bei ganz heftigen Kollisionen könnte ein Planet – wie beim Billard – sogar aus seiner Bahn gestoßen werden und allein durchs Weltall fliegen. Und es gibt noch mehr mögliche Auswirkungen von Kollisionen. Zusammenstöße mit Asteroiden können so heftig sein, dass Planeten dadurch ihre Laufbahn ändern oder sich in eine andere Richtung drehen. Oder ein Teil des Oberflächenmaterials wird hoch geschleudert, und es bildet sich daraus ein Mond (so war es im Fall unserer jungen Erde).

Aber wie genau entstehen eigentlich Planeten und *Planetensysteme* – also mehrere Planeten, die um einen Stern kreisen?

Die Geburtsstunde von Planeten

Bei den vier Planeten, die der Sonne am nächsten sind, handelt es sich um Felsplaneten. Die Erde ist von der Sonne aus gesehen der dritte Planet. Um die Sonne herum ist es in der Nähe heiß und weiter weg immer kühler. So wie bei einem Lagerfeuer. Das Material, das bei einem jungen Stern noch in einer Scheibe um den Äquator zirkuliert,

UNSER SONNENSYSTEM

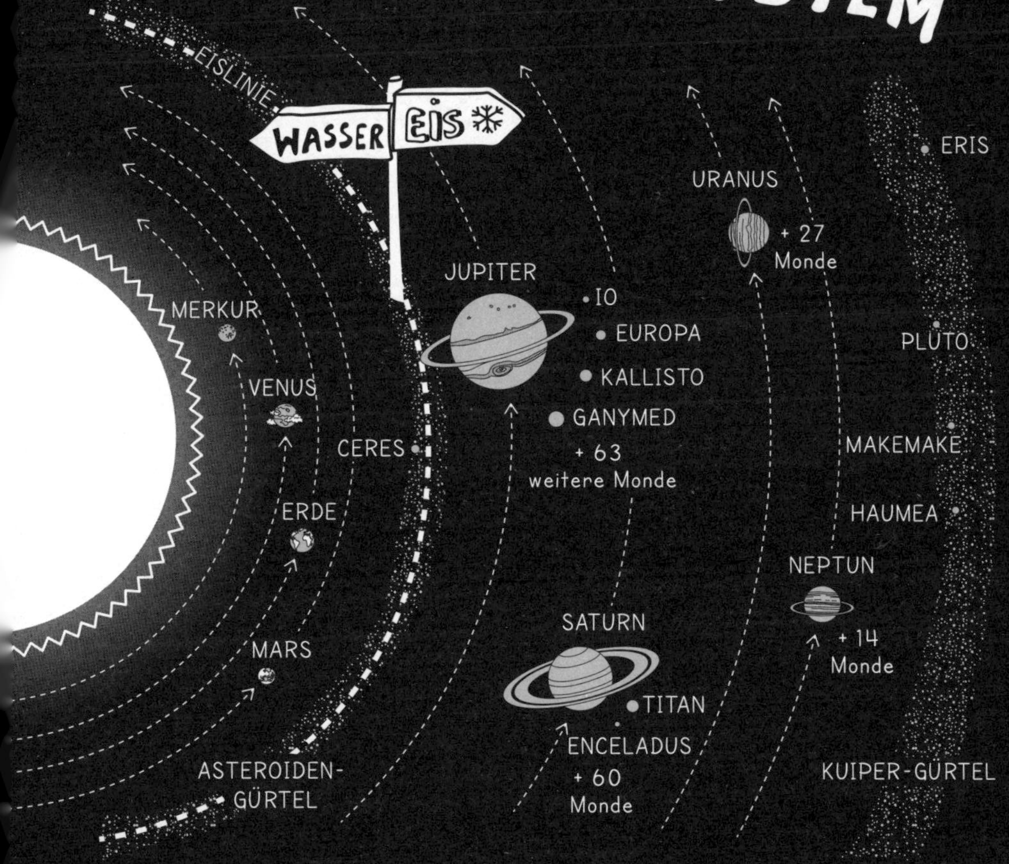

EISLINIE

WASSER EIS ❄

MERKUR

VENUS

CERES

ERDE

MARS

ASTEROIDEN-
GÜRTEL

JUPITER

· IO
· EUROPA
· KALLISTO
· GANYMED
+ 63
weitere Monde

SATURN

· TITAN
ENCELADUS
+ 60
Monde

URANUS

+ 27
Monde

NEPTUN

+ 14
Monde

ERIS

PLUTO

MAKEMAKE

HAUMEA

KUIPER-GÜRTEL

DIE FELSPLANETEN

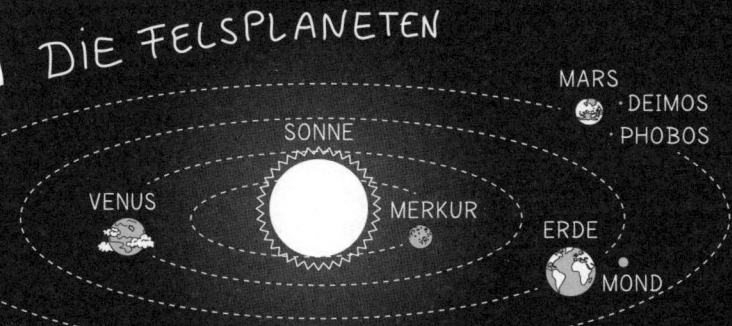

MARS
· DEIMOS
· PHOBOS

SONNE

VENUS

MERKUR

ERDE

MOND

Ein PLANETENSYSTEM ENTSTEHT ...

1. Eine Gas-und Staubwolke verdichtet sich.

2. Die Masse im Zentrum formt einen Protostern.

3. Um den Protostern herum bildet sich eine Scheibe, in der Planeten entstehen.

4. Schon ein paar Millionen Jahre später:

z.B.:
A) unser Sonnensystem

SONNE
ERDE

ZOOOOOOOm

MERKURS ORBIT ZUM VERGLEICH

z.B.:
B) Kepler-11-System

f c b e d
g

Größe der Kepler-11-Planeten im Vergleich zur Erde

11 b 11 c 11 d 11 e 11 f 11 g ERDE

z.B.:
C) Kepler-62-System

f
b
c d
e

Größe der Kepler-62-Planeten im Vergleich zur Erde

62b 62d 62e 62f ERDE
62c

besteht aus kleinen Eis- und Felsbrocken, die durch Zusammenstöße immer größere Brocken und schließlich Planeten formen. Nahe am Stern ist es so heiß, dass die Eisbrocken verdampfen. Dort bleiben nur Felsen übrig. Bei größerer Distanz wird es immer kühler, bis wir bei der Entfernung ankommen, wo es kalt genug ist, dass Eis nicht mehr verdampft – das nennt man dann die *Eislinie*. Kurz: Innerhalb der Eislinie entstehen Felsplaneten, außerhalb Gasplaneten.

So funktioniert das in unserem Planetensystem, dem *Sonnensystem*. Lange Zeit dachten Astronomen, dass das die Norm ist und dass Felsplaneten immer nahe beim Stern und die Gasplaneten weiter weg sein müssen. Aber der erste Planet um eine andere Sonne bescherte uns 1995 eine Riesenüberraschung.

Der erste entdeckte Exoplanet um eine andere Sonne ist ein Gasplanet wie Jupiter. Er kreist aber ganz nahe um seinen Stern. Es ist also ein Heißer Jupiter. Nahe am Stern verdampft ein Teil solcher Planeten langsam. Das heißt, sie müssen früher noch massereicher gewesen sein und nur weil ein Planet weit weg von seinem Stern entsteht, muss er dort nicht bleiben. Astronomen nennen dieses Hineinwandern eines Planeten *Migration*. Man kann sich das vereinfacht so vorstellen, dass so ein massiver Planet bei der Entstehung seine Bahn zwar freischaufelt wie ein Schneepflug, aber es prasselt noch ein Teil des Materials der Sternscheibe auf den migrierenden Planeten ein. Das bremst ihn meistens auf seinem Weg ab. Wenn der Planet langsamer wird, kann seine Fliehkraft die Anziehungskraft des Sterns nicht mehr ausgleichen und der Planet wandert spiralförmig nach innen. Eine offene Frage ist noch, ob er dabei alle kleineren inneren Planeten aus der Bahn wirft.

Wirkt noch ziemlich chaotisch. Also, wann kehrt endlich Ordnung in das junge Planetensystem ein? Bald. Solange die Staub- und Gasscheibe um den Stern noch da ist, können sich immer weiter kleine Planeten bilden, selbst wenn bereits ein großer Gasplanet durchgewandert ist. Jeder Stern hat einen Sternenwind, der die Gas- und Staubscheibe nach einer gewissen Zeit davonbläst. Dann bleibt der wandernde Gasplanet auf seiner Bahn und es entstehen auch keine weiteren Planeten mehr.

Die Illustration »Ein Planetensystem entsteht« zeigt drei verschiedene Planetensysteme zum Vergleich. Unser Sonnensystem, das Planetensystem um Kepler-11, das viel dichter gepackt ist, und das Planetensystem um Kepler-62, in dem Astronomen die ersten zwei Felsplaneten mit möglicherweise lebensfreundlichen Bedingungen entdeckten. Der Stern Kepler-11 ist unserer Sonne sehr ähnlich. Aber an der Stelle, wo unser Sonnensystem bloß einen Planeten aufweist, Merkur, gibt es im Kepler-11-Planetensystem schon fünf Planeten.

Die kleineren Planeten haben wir noch nicht alle gefunden, darum ist unser Bild noch nicht vollständig. Aber mit jeder Entdeckung lüftet sich der Schleier ein wenig weiter, und wir lernen etwas mehr darüber, welche anderen Welten es gibt.

Merkur, Venus, Erde, Mars: Skifahren im Winter, Baden im Sommer

Nicht nur die Jahre sind länger oder kürzer als auf der Erde, auch die Jahreszeiten sind auf anderen Planeten nicht gleich. Denn dafür müsste ein Planet eine gekippte Rotationsachse haben. Jahreszeiten auf der Erde entstehen durch diese Neigung. Die Erde als ganzer Planet ist immer ziemlich gleich weit weg von der Sonne. Im Sommer ist eine Hälfte der Erdkugel (sagen wir, der Norden) allerdings der Sonne zugeneigt. Was dazu führt, dass das Sonnenlicht intensiver einfällt. Nach einer halben Sonnenumrundung (oder nach sechs Monaten) ist die andere Hälfte der Erdkugel (jetzt der Süden) der Sonne stärker zugeneigt. Deshalb ist es Sommer in Australien, wenn es Winter in Europa ist. Und Winter in Nordamerika, wenn es Sommer in Südamerika ist. Dazwischen – um den dritten und den neunten Monat des Jahres – ist die Erdachse weder in Richtung Sonne noch von ihr weg geneigt. Das heißt, es herrschen ähnliche Temperaturen auf beiden

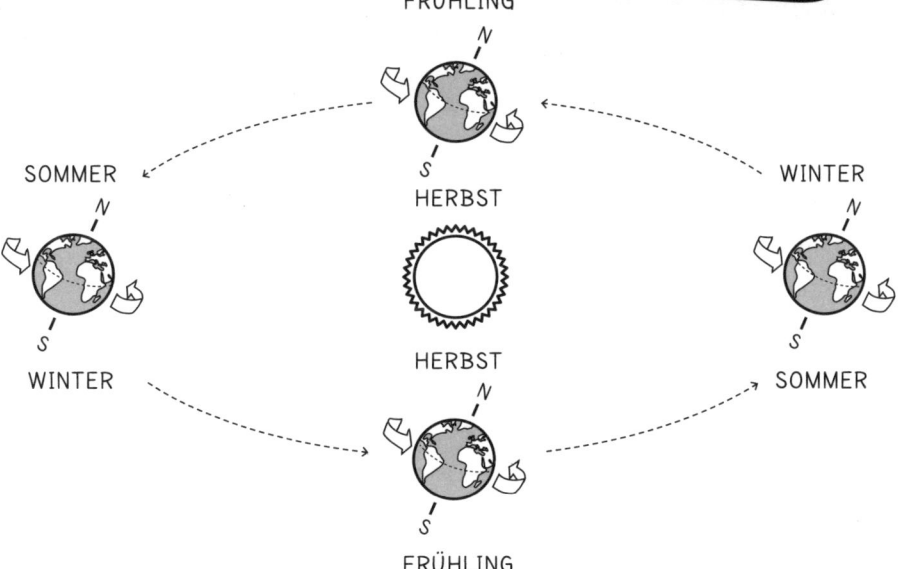

JAHRESZEITEN für alle!*

* exklusiv für Planeten mit Achsenneigung

FRÜHLING

SOMMER

HERBST

WINTER

WINTER

HERBST

FRÜHLING

SOMMER

Erdhälften. Dann ist es auf einer Hälfte Frühling und auf der anderen Herbst.

Mars ist ähnlich schief wie die Erde. Daher hat Mars auch Jahreszeiten wie wir. Merkur und Venus rotieren nicht schräg. Das heißt Merkur und Venus fehlen nicht nur die Monde, sondern auch die Jahreszeiten.

Doch bis zum Baden und Skifahren auf anderen Planeten wird es ohnehin noch etwas dauern. Bis jetzt sind Menschen nur auf einem einzigen Himmelskörper gelandet. Nur dort kann man menschliche Fußabdrücke sehen.

Take me to the moon

Der Mond ist nur etwas über 30 Erden nebeneinander gestellt weit von uns weg und ist ein enger Verbündeter. Er hat nur circa ein Prozent der Erdmasse, weshalb seine Anziehungskraft ziemlich schwach ist. Das lässt wiederum die Astronauten dort bei jedem Schritt hüpfen und damit sie nicht zu hoch springen, brauchen sie zusätzlich noch schwere Gewichte. Bis jetzt waren zehn Amerikaner auf dem Mond, der erste war Neil Armstrong 1969 mit Apollo-11, der letzte Gene Cernan in der Apollo-17-Mission 1972.

Unser Mond kreist in *gebundener Rotation* um uns. Das heißt, er zeigt uns immer dieselbe Seite. Das geschieht, wenn sich zwei Körper – hier die Erde und der Mond – eng umkreisen und sich gegenseitig beeinflussen. Der Mond ist auch der Grund für die Gezeiten auf der Erde, weil er gravitativ an der Erde zieht. Dadurch verlangsamt sich die Rotation der Erde jedes Jahr ein bisschen mehr. Und der Mond bewegt sich dadurch stetig ein klein wenig weiter von der Erde weg. Die Erde zieht auch gravitativ am Mond und erzeugt dort kleine Mondbeben.

Durch solche Interaktion können Körper, die sich gegenseitig beeinflussen, nach einiger Zeit in gebundene Rotation fallen. Für unseren Mond heißt das, er dreht sich genauso schnell einmal um sich selbst, wie er einmal die Erde umkreist. Von der Erde aus sieht man deshalb immer die gleiche Mondseite. Mal betrachten wir sie als helle Scheibe, mal als Sichel, aber die Perspektive ist immer gleich. Die Rückseite des Mondes bleibt uns von der Erde aus verborgen. So viel verpassen wir dabei aber nicht. Die Rückseite ist der Vorderseite sehr ähnlich. Es gibt mehr Krater durch Einschläge, aber sonst unterscheiden sie sich nicht besonders.

Die Rückseite ist aber nicht die Schattenseite des Mondes, wie sie manchmal bezeichnet wird. Der Mond ist – wie die Erde – immer halb hell, weil die Sonne ihn bestrahlt. Wie auf der Erde ist auch auf dem Mond immer auf einer Hälfte Tag und auf der anderen Hälfte Nacht. Von der Erde aus können wir manchmal die ganze Tagseite sehen. Das passiert, wenn die Sonne mehr oder weniger hinter der Erde steht. Das heißt, sie bescheint die andere Hälfte der Erde, aber auch die gesamte sichtbare Seite des Monds. Das nennen wir dann Vollmond. Bei Neumond sehen wir nur die Nachtseite des Mondes. Wenn er uns wie eine Sichel erscheint, sehen wir nur einen kleinen Teil der Tagseite des Mondes, der Rest seiner Oberfläche liegt von uns aus gesehen im Dunkeln. Das ist knapp nach oder vor Neumond, wenn der Mond auf seiner Bahn um die Erde noch zwischen der Sonne und der Erde steht.

Im Unterschied zur Erde ist es auf der Nachtseite des Mondes bitterkalt. Weil er keine Luftschicht hat, transportiert nichts die Wärme von der Tag- auf die Nachtseite. Auf der Erde erledigen das Luft und Ozeane. Auf dem Mond herrschen deshalb Extremtemperaturen. Während es auf der Tagseite 123 Grad Celsius heiß wird, kann es auf der Nachtseite bis zu -150 Grad Celsius kalt werden. Der Mond hat eine extrem dünne Lufthülle, die nur ein Billiardstel so dicht ist wie die der Erde. Im Grunde ist sie nicht mal der Rede wert. Dadurch sind beide Seiten nicht wirklich ein gutes Reiseziel. Ohne eine Lufthülle wird Temperatur direkt durch Sonneneinstrahlung oder über den Bodenkontakt übertragen. Der Raumanzug der Astronauten war deshalb weiß. Er war so beschaffen, dass er 90 Prozent aller Strahlung reflektierte und es nicht zu heiß für sie wurde. Die Mondoberfläche hat außerdem eine sehr schlechte Wärmeleitfähigkeit. Auch bei Bodenkontakt waren die Astronatuen deshalb nie den hohen Temperaturschwankungen am Mond ausgesetzt.

Dadurch, dass es keine Luft auf dem Mond gibt, kann sich übrigens auch kein Schall ausbreiten. Auf dem Mond ist alles lautlos – wie überall im Weltall. Im Kino werden die Soundeffekte bei Explosionen im Weltraum dazu erfunden. Sonst würde ein naturgetreuer Weltraumfilm während der spektakulärsten Explosion einem Stummfilm gleichen.

Die fehlende Luft auf dem Mond sorgt auch dafür, dass dort der Himmel immer tiefschwarz ist, rund um die Uhr. Der Himmel auf der Erde ist blau, weil die Teilchen in unserer Luft das weiße Sonnenlicht streuen. Blau wird stärker gestreut als Rot. Steht die Sonne hoch am Himmel, ist deshalb der Himmel blau, weil das blaue Licht von überall her in unser Auge gestreut wird. Bei Sonnenuntergang muss das Licht jedoch dichtere Luft durchfliegen, bis es bei unserem Auge ankommt – die Sonne steht ja jetzt am Horizont. Das meiste blaue Licht wird deshalb schon verstreut, bevor das Licht zu unserem Auge kommt. Das rote Licht kommt jedoch noch bei uns an. So kommt der glutrote Abendhimmel zustande – bei uns jedenfalls. Auf anderen Welten könnte der Himmel ganz andere Farben haben. Oder eben immer völlig schwarz sein, so wie auf dem Mond.

Geburtsstunde des Mondes

Unser Mond dürfte vor circa 4,5 Milliarden Jahren durch einen spektakulären Zusammenstoß entstanden sein, nämlich einer riesigen Kollision der Erde mit einem Mars-ähnlichen Objekt. Durch die Kollision wurde die junge Erde aufgeschmolzen und ein Teil des heißen Materials in die Luft geschleudert. Dieses Material formte dann eine Scheibe um die Erde. Durch vermehrte Kollisionen der kleinen Felsbrocken in dieser Scheibe entstand ein größerer und größerer Felsbrocken, der schließlich unser Mond wurde. Auch wenn unser Mond klein und leicht wirkt, die Monde um die anderen Planeten in unserem Sonnensystem sind viel kleiner im Vergleich zu ihrem Planeten.

Als die ersten Astronauten den Mond betraten, haben sie Millionen von Menschen vor Schwarzweiß-Fernsehern in gebanntes Staunen versetzt. Diese Reise zum Mond gelang gegen riesige Widrigkeiten, in der feindseligen eisigen Umgebung des Weltraums, in der es keine Luft zum Atmen gibt.

Entdeckungsreise im Sonnensystem

Die Abstände sind eine relative Angelegenheit. Sie erscheinen uns heute so groß, weil wir noch nicht schnell genug fliegen können. Allein die Reise zum Mars dauert einige Monate. Zu anderen Planeten (außer der Venus) ist es noch weiter.

Alle Planeten passen aneinandergereiht schon in den Abstand zwischen Erde und Mond hinein. So leer ist es im Sonnensystem. Trotzdem beherbergt es eine Vielfalt von Welten. Das wären alles sehr faszinierende Ziele, aber auch strapaziöse Reisen. Astronauten könnten jederzeit in lebensgefährliche Situationen geraten, wie zum Beispiel durch ein Loch im Sauerstofftank. Und ist man einmal auf dem Weg, kann man nicht einfach umdrehen. Momentan denkt man eher daran, Zwischenstationen erst auf dem Mond, dann auf dem Mars zu bauen, damit es unterwegs Stellen gibt, die man anfliegen könnte auf einem möglichen Weg zu anderen Planeten in unserem Sonnensystem – und vielleicht auch einmal außerhalb.

Aber so lange das nicht der Fall ist, schicken wir Satelliten vor. Die Illustration »Erforschung des Weltalls« zeigt unsere Erkundung des Weltraums seit Sputnik, der 1957 das erste Mal unsere Erde umkreiste. Seitdem haben wir Satelliten bis zu jedem Planeten im Sonnensystem geschickt. Gelandet sind Satelliten erst auf vier anderen Himmelskörpern: unserem Mond, Mars, Venus und dem Saturn-Mond Titan. Wenn es darum geht, dass wir als Menschen tatsächlich den Weltraum erkunden, stehen wir noch ganz am Anfang. Mithilfe von Teleskopen und Satelliten schaffen wir es aber trotzdem schon, aufregende Welten in unserem Sonnensystem zu erkunden, ohne uns von der Erde zu lösen.

Begeben wir uns auf eine kleine Tour durch unser Sonnensystem. Auf unserer Reise sind nicht alle Planeten dabei – die Planeten Merkur, Uranus und Neptun stehen nicht auf der Liste, denn wir wollen uns hauptsächlich auf die Himmelskörper konzentrieren, die vielleicht auch Leben ermöglichen könnten oder ermöglicht haben. Beginnen wir bei einem unserer nächsten Nachbarn, bei Venus.

Venus – Morgenstern und höllische Göttin der Liebe

Venus strahlt als Abend- oder Morgenstern oft hell am Himmel, auch wenn sie in Wahrheit natürlich kein Stern ist. Nach dem Mond ist sie aber das hellste Objekt am Himmel. Ihre Schwefelwolken reflektieren viel Sonnenlicht und lassen sie darum so hell erscheinen. Venus ist der Erde in Masse und Radius ziemlich ähnlich. Beide würden in der kosmischen Badewanne sinken. Das wäre es aber auch schon mit den Gemeinsamkeiten. Die Venus ist der Sonne circa 30 Prozent näher als die Erde. Ihr Jahr ist dadurch kürzer, nur 225 Erdtage lang. Venus dreht sich als einziger Planet im Sonnensystem in die falsche Richtung. Sonnenaufgänge auf der Venus sind im Westen, Sonnenuntergänge im Osten. Das könnte durch einen früheren Zusammenstoß mit einem anderen kosmischen Körper passiert sein. Außerdem dreht sich die Venus – wahrscheinlich aus dem selben Grund – nur sehr langsam um sich selbst. Ein ganzer Tag-Nacht-Zyklus auf der Venus dauert länger als ein irdisches Jahr. Umgerechnet bedeutet das, es ist etwas mehr als ein halbes Jahr lang Tag und dann ein halbes Jahr lang Nacht.

Auf der Venus-Oberfläche herrscht ein irrsinniger Druck – fast hundertmal mehr als auf der Erde. Sich durch diese Venus-Luft zu kämpfen, wäre schweißtreibend. Die Temperaturen liegen außerdem überall bei mehr als 400 Grad Celsius. Das macht es auch nicht angenehmer. Zehn russische Venera-Sonden sind zwischen 1961 und 1984 auf der Venus gelandet. 1975 sendete Venera 9 das erste Mal Bilder von der Oberfläche von Venus – und damit das erste Bild einer anderen Planetenoberfläche überhaupt. Es erlaubt uns den Blick auf eine Welt, die einer heißen Hölle gleicht. Venus ist eine Lavalandschaft. In den Namen der verschiedenen Oberflächenstrukturen sind lauter historische sowie auch mythische Frauen verewigt. Die beiden erhöhten Kontinente sind nach Göttinnen der Liebe benannt, im Norden nach der babylonischen Ishar, im Süden nach der griechischen Aphrodite. Trotz der romantischen Namen ähnelt die Venus einer sterilen Einöde.

Aber Venus erzählt auch eine spannende Geschichte. Die Geschichte einer Welt, die jener unserer Erde ähnelt. Vor einigen Milliarden Jahren könnte Venus Meere wie unsere Erde gehabt haben. Durch die größere Hitze, die sie von der Sonne abbekommt, verlor sie jedoch das Wasser und zurück blieb eine extrem heiße, säurehaltige Welt. Bei über 400 Grad Celsius kann Leben, wie wir es kennen, nicht existieren. Die zehn Venera-Sonden waren so konstruiert, dass sie auf der Venus-Oberfläche zwischen 23 Minuten bei der ersten Mission und zwei Stunden bei der letzten überlebten. Venus lädt trotz ihrer

DIE ERFORSCHUNG DES WELTALLS

SONNE 9 MISSIONEN

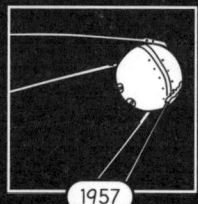

1957
SPUTNIK
1. künstl. Erdsatellit

2 MISSIONEN

MERKUR

43 MISSIONEN

VENUS

1957
HÜNDIN LAIKA
umrundet die Erde

VOYAGER 2

VOYAGER 1

ERDE

START: 1977

1961
JURI GAGARIN
1. Erdumrundung

MOND

73 MISSIONEN

Deimos ·

Phobos

MARS

40 MISSIONEN

1969
NEIL ARMSTRONG
1. Mondlandung

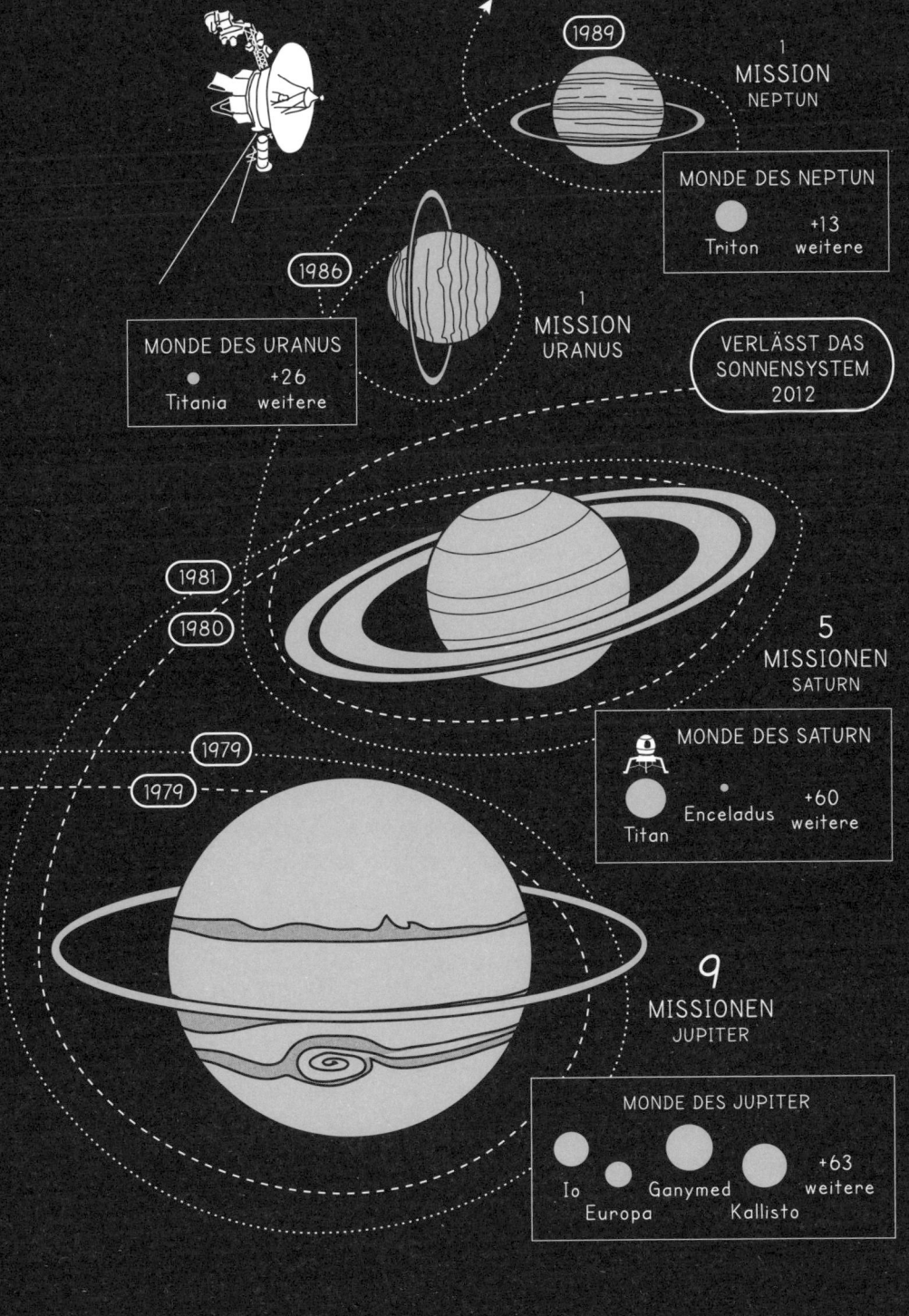

Nähe nicht wirklich zur Wiederkehr ein. Aber sie erlaubt uns einen Ausblick auf die Zukunft unserer Erde. Spätestens wenn sich Venus-artige Zustände einstellen, sollten wir einen neuen, bewohnbaren Planeten gefunden haben.

Wo die Venus näher an der Sonne kreist, bewegt sich unser anderer Nachbar, Mars, etwas weiter draußen als die Erde. Einsam und kalt.

Mars – Planet unserer Träume?

Noch bleibt der Mars für uns Menschen unerreichbar. Mars ist fast eineinhalbmal so weit weg von der Sonne wie die Erde. Die Luft auf dem Mars besteht zum größten Teil aus Kohlendioxid (CO_2), aber sie ist sehr dünn, nur zehn Prozent so dicht wie unsere. Am Mars-Himmel erscheint deshalb auch die Sonne nur halb so groß. Dadurch liegt die Durchschnittstemperatur auf dem Mars bei -55 Grad Celsius. Aufgrund der dünneren Lufthülle sind die Temperaturunterschiede größer als bei uns, höchstens 20 Grad Celsius sind zwar angenehm warm, aber die Tiefsttemperaturen von -87 Grad Celsius liegen unter der kältesten gemessenen Temperatur in der Antarktis. Ein Tag auf dem Mars dauert 24,7 Stunden, also dreht er sich ähnlich schnell wie die Erde. Sein Jahr ist aber fast zweimal so lang – 687 Erdtage oder 669 Marstage, auch Sols genannt. Also wäre so gesehen der Mars gar kein schlechtes Reiseziel, solange wir aufs Atmen verzichten.

Höchster Berg und wilde Sandstürme

Mars besitzt den höchsten Berg des Sonnensystems. Das ist der Vulkan *Olympus Mons*, der mit 25 Kilometern fast dreimal so hoch ist wie der höchste Berg der Erde, Mount Everest. Die dickere Mars-Kruste trägt solche schweren Berge. Eine Herausforderung für die Extrembergsteiger der Zukunft. Dazu kommen riesige Sandstürme, die den ganzen Mars eindecken und monatelang den Blick auf die Sonne verhüllen können. Was ein Problem für die Mars-Rover darstellt, die mit Sonnenenergie arbeiten und fahren. Aber kleinere Windböen, die am Mars regelmäßig auftreten, waren ein unerwarteter Bonus für die Mars-Mission. Sie reinigen nämlich immer wieder die Solarzellen vom angesammelten Staub. Dadurch überleben die Rovers viel länger, als ursprünglich geplant war.

Gerostete Oberfläche & blaue Sonnenuntergänge

Wir nennen Mars auch den roten Planeten, weil sich auf seiner Oberfläche fast überall Eisenoxid als Staub abgesetzt hat. Der Mars ist in frühen Jahren sozusagen gerostet (so wie Eisen rostet, wenn wir es im Regen draußen lassen). Seine rote Farbe brachte ihm den Namen des Kriegsgottes ein und zwar nicht nur in römischen Kreisen, sondern auch schon bei den alten Griechen und Ägyptern. Diese gerostete, rote Staubschicht ist aber nur sehr dünn. In den Fahrspuren der Rover-Räder sehen wir eine darunterliegende braune Schicht, wo der Prozess des Rostens noch nicht eingesetzt hat. Gerade hat der Satellit *Mars Reconnaissance Orbiter* eindeutige Spuren von flüssigem Salzwasser am Mars entdeckt. Die Spuren hatten Forscher schon vor ein paar Jahren gesehen, aber Aufnahmen, die die dunklen Linien entlang eines Kliffs als wasserhaltig identifizierten, gelangen erst dem Orbiter. Die großen offenen Fragen sind, woher dieses Wasser kommt und was es für Leben bedeutet. Das entdeckte Wasser selbst ist so salzhaltig, dass Leben, wie wir es kennen, darin nicht existieren kann. Wenn das Wasser aus einer tieferen Schicht des Mars an die Oberflaeche käme, dann könnte es dort weniger salzhaltig sein und möglicherweise Leben zulassen. Es könnte sich auch um eine fast gefrorene Eisschicht im Permafrost des Mars handeln, die in den nicht gefrorenen Teilen ebenfalls Leben zulassen könnte. Die Spuren des Wassers auf der

Marsoberfläche erscheinen immer dann als dunkle Linien am Abhang des Kliffs, wenn die Sonne es am stärksten bestrahlt. Es könnte sich also um Eis handeln, das in den Tiefen erwärmt wird und dann zur Oberfläche gelangt und dort kurzzeitig flüssig erscheint, bevor es verdampft. Oder es handelt sich um Wasser, das aus der Atmosphäre auskondensiert. Das wäre nicht so gut, da kondensiertes Wasser nur kurzzeitig vorhanden ist und, wie gesagt, das Wasser, das wir sehen, für Leben zu salzig ist. Nur weitere Erkundungen werden tiefere Einblicke bringen, woher diese Wasserspuren stammen. Spannend sind sie auf jeden Fall.

Ein Blick auf den Mars-Himmel ist atemberaubend. Der Himmel erscheint dort rot, nicht blau wie bei uns. Was am Staub in der Luft liegt, der das rote Licht der Sonne stärker streut. Nur während des Sonnenuntergangs, wenn das Licht vom Horizont die dichtere Luftschicht am Boden passiert, erscheint der Himmel am Mars blau. Der *Curiosity Mars Rover* der NASA, der nach der *Neugierde* benannt ist, hat am 15. April 2015 beeindruckende Aufnahmen des Sonnenuntergangs am Mars bei blauem Himmel gemacht.

Im Vergleich zu unserer nächsten Reisestation sind Erde, Venus und Mars winzig: auf zum Jupiter.

Jupiter – Gigant am Himmel

Jupiter ist der größte Planet in unserem Sonnensystem. So groß, dass wir alle anderen sieben Planeten zusammen hineinpacken könnten. Die Erde würde nebeneinander gestellt circa zehnmal in den Durchmesser von Jupiter passen. Der große, rote Fleck, den wir auf Jupiter sehen, ist ein riesiger Wirbelsturm, in etwa so groß wie unsere Erde. Das allein macht die Größenunterschiede zwischen den Gasplaneten und den Felsplaneten in unserem Sonnensystem sehr gut erkennbar. Dieser Wirbelsturm ist übrigens mindestens 150 Jahre alt. Wir sehen ihn schon, seit wir Jupiter beobachten.

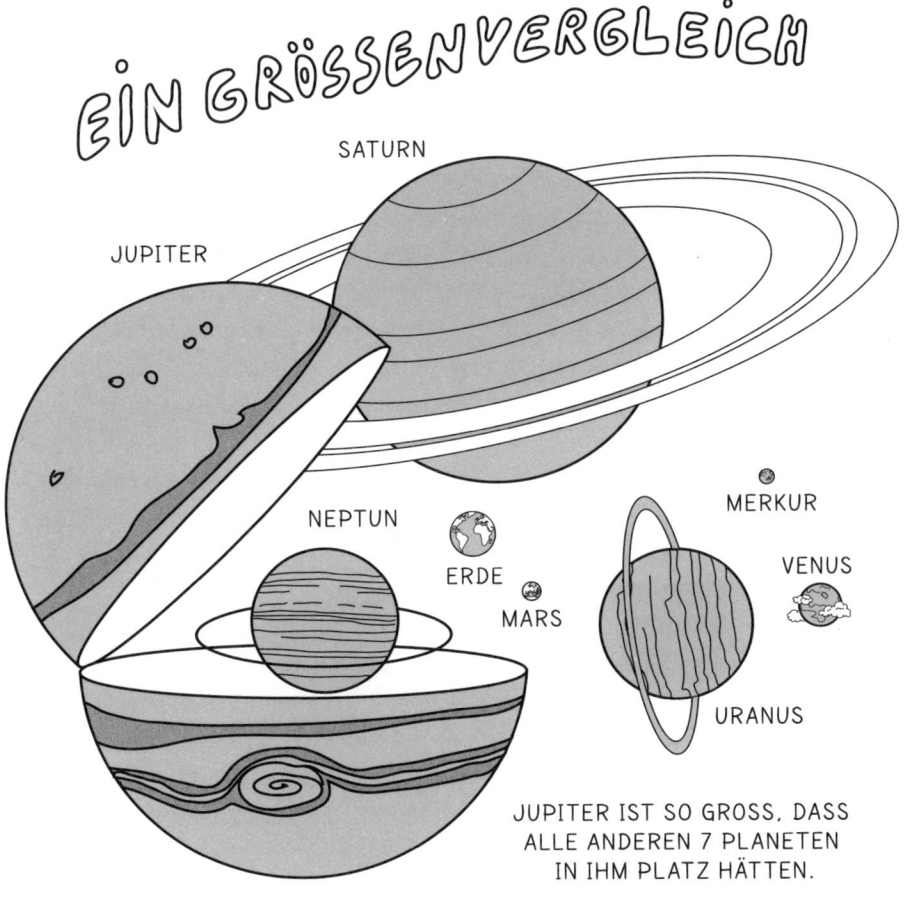

EIN GRÖSSENVERGLEICH

SATURN

JUPITER

NEPTUN

ERDE

MARS

MERKUR

VENUS

URANUS

JUPITER IST SO GROSS, DASS
ALLE ANDEREN 7 PLANETEN
IN IHM PLATZ HÄTTEN.

Jupiters Monde – Lavawelten & gefrorene Ozeane

Jupiter hat über 60 Monde. Und als Galileo 1610 mit dem gerade erfun-
denen Fernrohr vier dieser Trabanten entdeckte, brachte er damit
unser etabliertes Weltbild ins Wanken. Denn die vier Monde zeigten,
dass nicht alle Himmelskörper um die Erde kreisen. Diese vier Monde
kreisen um Jupiter. Unter anderem durch diese bahnbrechende Beobachtung wurde deutlich, dass die Erde nicht das Zentrum des Alls ist.
Dies geschah langsam und gegen enormen Widerstand. Kein Wunder –

plötzlich sollte die Menschheit nicht mehr im absoluten Mittelpunkt des Geschehens stehen?

Nach weiteren Beobachtungen erschlossen sich allein unter diesen vier Monden ganz unterschiedliche Welten, die nicht viel mit unserem Erd-Mond gemein haben. Alle vier Galileischen Monde, die vier größten der insgesamt 67 Jupiter-Monde, sind nach Liebhabern von Jupiter aus der griechischen und römischen Mythologie benannt. Wir können sie mit einem kleinen Fernrohr oder einem Feldstecher am Abendhimmel beobachten. Von innen nach außen sehen wir: Io, Europa, Ganymed und Kallisto.

Io, der innerste Galileische Mond, wird von den anderen Monden so stark verformt, dass seine Oberfläche mit Vulkanen übersät ist, die heiße Lavamassen kilometerweit in die Höhe sprühen. Io hat die aktivsten Vulkane im gesamten Sonnensystem.

Die drei innersten Monde umkreisen den Jupiter in aufeinander abgestimmter Weise. Wissenschaftlich heißt das, sie sind *in Resonanz* zueinander. Während sie ihren Planeten umkreisen, zieht er an ihnen und verformt sie, viel extremer als bei der Erde und dem Mond. Die drei ziehen aber auch zusätzlich noch aneinander. Dadurch werden sie gleichzeitig in verschiedene Richtungen gezogen. Wenn ein Körper hart ist wie ein Mond, bewirkt eine solch extreme Verformung, dass er im Inneren heiß wird. Die Oberfläche bricht am Io unter diesem Stress auf, und dort spucken die Vulkane dann Lava.

Um die Vulkane herum hat es über 1000 Grad Celsius. Sonst ist es am Io kalt, da er so weit von der Sonne entfernt ist. Die Oberflächentemperatur beträgt etwa -200 Grad Celsius. Io zeigt eine farbenfrohe Oberfläche, die fast aussieht wie eine Pizza. Das Spektrum geht von schwarz, braun, rot, orange, gelb bis weiß. Das kommt dadurch zustande, dass Io mit Schwefel überzogen ist. Schwefel ändert seine Farbe je nachdem, wie heiß er ist. Er ist schwarz, wenn er heiß ist. Kühlt er etwas ab, wird er erst braun, dann rot, orange, dann gelb und schließlich, wenn er ganz kalt ist, weiß. Dadurch können wir im farbenfrohen Bild von Io ganz leicht die heißen Vulkane finden.

Tiefgefroren und doch warm?

Europa, der nächste Galileische Mond neben Io, zeigt einen zerklüfteten Eispanzer. Unter dem ein Ozean möglicherweise Leben beherbergen kann. Dass es diesen Ozean gibt, haben wir durch Satellitenfotos der Oberfläche entdeckt. Die Risse im Eispanzer von Europa laufen kreuz und quer und überschneiden sich. Das kann nur passieren, wenn der Eispanzer auf flüssigem Wasser schwimmt. Wie dick der Eispanzer ist, haben wir noch nicht herausgefunden, vermutlich zwischen 15 und 25 Kilometern. Der darunterliegende Ozean könnte zwischen 60 und 150 Kilometer tief sein. Diese Schätzungen basieren auf Modellen, die zu den Beobachtungen passen.

Dazu liegt Europa im enormen Strahlungsgürtel von Jupiter. Dadurch wird die Oberfläche von Europa mit energetischen Teilchen bombardiert. Das schließt einerseits Leben auf der Oberfläche aus, aber es erzeugt chemische Produkte, die Leben verwenden könnte, nachdem sie durch die Bewegung der Eisschicht in den Ozean abgesunken sind.

Die Oberfläche von Europa ist zwischen 20 und 180 Millionen Jahre alt. Mehr sehen wir nicht von der Vergangenheit dieses gefrorenen Mondes. Aber wie können wir das Alter anderer Himmelskörper überhaupt bestimmen? Um das Alter der Oberflächen zu messen, zählen wir die Krater. Je mehr Einschläge wir sehen, desto älter ist die Oberfläche. Darum wissen wir auch, dass die Oberfläche des Erd-Mondes 4,5 Milliarden Jahre alt ist. Wenn wir keine Einschläge sehen können, ist die Oberfläche jung, so wie bei Io. Eine junge Oberfläche verbirgt die Geheimnisse der Entwicklung eines Himmelskörpers vor unseren Blicken.

Auf der Oberfläche von Europa ist es zwischen -225 und -135 Grad Celsius kalt. Ähnliche Temperaturen finden wir auf dem dritten Galileischen Mond Kallisto und dem vierten, Ganymed. Das Minus ist kein Irrtum. Jupiter ist weit von der Sonne entfernt und sie wärmt ihn und seine Monde kaum mehr. Zusätzlich reflektiert Eis das Sonnenlicht sehr gut. Warum es dann überhaupt noch Wasser auf Europa geben kann? Aus dem gleichen Grund, warum Ios Vulkane heißes Material sprühen. Dadurch, dass Europa von der Anziehungskraft von Jupiter und den anderen Galileischen Monden gleichzeitig verformt wird, entsteht Wärme im Inneren, und das Wasser unter dem Eispanzer von Europa wird flüssig.

Ganymed und Kallisto haben beide auch Eispanzer auf ihrer Oberfläche. Aber ihre Eispanzer scheinen über 150 Kilometer dick zu sein und erlauben wahrscheinlich keinen Austausch von neuem Material von der Oberfläche mit einer möglichen unterirdischen Wasserschicht. Dadurch sind sie für die Suche nach Leben weniger interessant als Europa.

Die zwei innersten Jupiter-Monde, Io und Europa, sind kein guter Landeplatz. Sie kreisen im Strahlungsgürtel von Jupiter. Die Strahlung auf ihrer Oberfläche beträgt jeweils 3.600 und 540 rem pro Tag. Bei 500 rem liegt die kritische Strahlungsdosis, die über wenige Tage für Menschen zum Tod führt. Die Strahlung auf der Oberfläche von Io und Europa würde in wenigen Stunden zum Tod führen. So gesehen wären Ganymed und Kallisto in jedem Fall bessere Ziele in einer Jupiter-Reisebroschüre. Ganymed ist der größte Mond in unserem Sonnensystem. Er ist größer als Merkur und nur ein wenig kleiner als Mars. Aber dadurch, dass er Jupiter umkreist und nicht die Sonne, ist er ein Mond, kein Planet.

Saturn – Der Herr der Ringe

Unser nächstes Ziel, Saturn, ist leicht zu erkennen, weil er dieses wunderschöne Ringsystem besitzt und majestätisch am Himmel erscheint. In einer dunklen Nacht kann man die Ringe mit einem Teleskop von der Erde aus beobachten. Aber Saturn ist nicht der einzige Gasplanet, der Ringe besitzt. Alle vier Gasplaneten in unserem Sonnensystem haben Ringe. Bei Saturn sind sie nur besonders gut zu sehen. Sie bestehen zum größten Teil aus kleinen Eisteilchen. Der Schlüssel zum Rätsel, warum Saturns Ringe so hell leuchten, liegt in seinen Monden. Besonders dem Mond *Enceladus*, der mit seinen Geysiren den äußersten Ringen kontinuierlich frische Eispartikel nachliefert. Diese neuen, noch völlig unverschmutzten Eispartikel glitzern wie kleine Kristalle und reflektieren das Sonnenlicht besonders stark. Die Ringe der anderen Gasplaneten sind hingegen dunkel und schmal und dadurch nur schwer zu finden.

Saturn hat die kleinste Dichte eines Planeten in unserem Sonnensystem. Wie Jupiter wird auch er von über 60 Monden umkreist. Besonders zwei dieser Monde lohnt es sich, genau anzuschauen.

Titan – Fliegen & Tauchen

Titan ist Saturns größter Mond und größer als der Planet Merkur. Titan ist der einzige andere Himmelskörper im Sonnensystem mit Meeren auf seiner Oberfläche. Und wir Menschen könnten auf dem Titan fliegen. Am Boden herrscht ungefähr eineinhalbmal so viel Druck wie auf der Erdoberfläche. Aber Titan hat weniger Anziehungskraft als der Mond, weil er so leicht ist. Dadurch könnten wir auf dem Titan fliegen. Einfach mit einem Paar Flügeln, die an unsere Arme geschnallt sind. Atmen würde leider wieder schwierig werden. Aber fliegen könnten wir.

Im Januar 2005 ist eine kleine Sonde auf dem Titan gelandet. Die kleine Sonde heißt *Huygens-Probe* und ist, am Cassini-Satelliten angedockt, mit zu Titan geflogen. Es ist der einzige Ort im äußeren Sonnensystem, wo wir bis jetzt gelandet sind. Titan befindet sich, wie unser Mond zur Erde, in gebundener Rotation zu Saturn. Das heißt, von einer Seite des Titans sieht man Saturn.

Da der Titan ungefähr zehnmal so weit von der Sonne weg ist wie die Erde, bekommt er nur mehr ein Prozent des Sonnenlichts ab. Keine Überraschung also, dass es auf dem Titan bitterkalt ist. Im Mittel hat es nur -179 Grad Celsius. Bei diesen niedrigen Temperaturen ist Wasser gefroren, aber trotzdem besitzt Titan offene Meere. Es sind Methan- und Ethan-Meere. Beide Elemente bleiben bei diesen Temperaturen noch flüssig. Methan kommt in allen drei Aggregatzuständen auf dem Titan vor: gasförmig, flüssig und gefroren. So wie bei uns auf der Erde Wasser. Am Titan regnet es auch – flüssiges Methan. Eines der eindrucksvollsten Bilder ist für mich die Spiegelung der Sonne in einem der Meere auf dem Titan. Alle Ozeane sind nach mystischen Seemonstern benannt, zum Beispiel *Kraken-Meer*. Die Berge heißen nach Bergen aus dem Buch »Der Herr der Ringe« von J.R.R. Tolkien. Ein Buch, am Himmel verewigt, auf einem Mond, der den wirklichen Herrn der Ringe umkreist.

Bei diesem Mond drängt sich die Frage auf, welche Lebensformen in solchen Methan-Ozeanen überleben könnten.

Tief durchatmen

Auf unserem Flug durchs All könnten wir durchaus auf dem Titan zwischenlanden. Er hat eine relativ geringe Anziehungskraft und eine Lufthülle gibt es dort ebenfalls, wenn auch nicht aus Sauerstoff. Wie kommt es eigentlich, dass Titan die Luft mit seiner kleineren Anziehungskraft halten kann, aber unser Mond nicht? Das lässt sich mit der Temperatur erklären.

Materie besteht aus Atomen und Molekülen, die sich ständig bewegen. Wenn es wärmer wird, bewegen sie sich stärker. Dadurch schmilzt Eis zu Wasser. Die Wassermoleküle im Eis bewegen sich weniger stark und bleiben regelmäßig angeordnet, wenn es kalt ist. Wenn es noch wärmer wird, bewegen sich die Moleküle und Atome noch stärker und aus flüssigem Wasser wird Wasserdampf, ein Gas. In diesem Gas herrscht jetzt noch mehr Molekülbewegung. Je mehr wir das Gas erhitzen, desto schneller bewegen sich die Moleküle. Diese Bewegung gibt allen Molekülen und Atomen eine Geschwindigkeit.

Wenn diese Geschwindigkeit stärker ist als die Anziehungskraft des Himmelskörpers, dann verliert der Planet oder Mond seine Luft ins All. Titan ist viel kälter als unser Erd-Mond. Er kann eine dickere Atmosphäre halten, weil die Moleküle bei diesen Temperaturen eine so geringe Geschwindigkeit haben, dass sie seiner kleinen Anziehungskraft nicht entfliehen können. Wenn wir den Titan näher an die Erde rücken würden, dann würde er den Großteil seiner Atmosphäre verlieren. Die steigenden Temperaturen würden die Moleküle in seiner Luft schneller werden lassen, und ihm würde nur eine extrem dünne Atmosphäre bleiben, so wie bei unserem Erd-Mond.

Spuren von Leben sammeln sich in der Luft eines Planeten an. Deshalb beschränken wir uns auf unserer Suche nach bewohnbaren Planeten unter anderem auch auf Planeten, die wärmer und schwerer als Mars sind – zumindest außerhalb unseres Sonnensystems. Zu kleinen Monden ohne Lufthülle in unserem Sonnensystem wie Europa werden wir irgendwann hinfliegen, ein Loch durch das Eis bohren und nachsehen.

Enceladus – sprühende Geysire

Von Enceladus war ja schon die Rede bei Saturns Ringen. Der kleine Mond hat bloß einen Durchmesser von 500 Kilometern, aber über hundert Geysire auf seiner Südhalbkugel sprühen Wasser hunderte km hoch. Die Oberfläche ist kalt, im Mittel -100 Grad Celsius, und besteht aus hoch reflektierendem Eis. Unter dem Eispanzer liegt vermutlich ein circa 10 Kilometer tiefer Ozean. Enceladus und ein anderer Saturn-Mond, Diones, ziehen aneinander, während sie Saturn umrunden. Dadurch kann es auch im Inneren von Enceladus flüssiges Wasser geben wie bei Europa. Seine unglaublich aktiven Geysire erlauben einen Einblick in die tieferen Schichten. Dieses Material sowie die ausgestoßene Flüssigkeit könnten biologische Moleküle beinhalten, die wir mit einem Satelliten, der durch den ausgestoßenen

Wasserfilm fliegt, analysieren könnten. Ein Teil des ausgestoßenen Wassers fällt als Schnee zurück auf Enceladus' Oberfläche. Der Rest entflieht dem kleinen Mond und lässt dann, wie wir wissen, einen der äußeren Saturnringe in hellem Glanz erstrahlen.

Pluto – Planeten und die fünf Zwerge

Eine der neuesten Erkenntnisse in der Astronomie sind *Zwergplaneten*. Zwergplaneten umkreisen die Sonne. Wie Planeten und große Monde sind sie kugel- oder ellipsenförmig. Aber im Unterschied zu Planeten haben sie ihre Bahn nicht von anderen Zwergplaneten oder Gesteins- und Eisbrocken freigeräumt. Wenn ein Planet entsteht, pflügt er durch das Gas, Eis und Gestein, das noch auf seiner Bahn herumfliegt. Er sammelt es mit seiner Anziehungskraft auf wie ein Staubsauger oder schießt es durch die Kollision aus seiner Bahn. Zwergplaneten sind Teil des Asteroiden- oder Kuiper-Gürtels. Der letztere könnte Dutzende und vielleicht sogar Hunderte solcher Himmelskörper beherbergen. Wir haben sie nur noch nicht alle gefunden, weil sie klein und weit weg sind und dadurch Licht kaum reflektieren.

Bevor wir zu unserem Nachbar-Zwerg Pluto kommen, nehmen wir noch einen kleinen Umweg und schauen uns an, was genau es mit Asteroiden und dem ersten Zwergplanet auf sich hat:

Der erste der Zwergplaneten, *Ceres*, ist nur an die 1000 Kilometer im Durchmesser breit. Die NASA-Mission *Dawn* (oder Morgendämmerung im Deutschen) hat Ceres anvisiert und umrundet ihn seit März 2015. Er wurde 1801 von Giuseppe Piazzi in Palermo entdeckt. Ceres ist trotz seines Rufs als Zwerg das größte Objekt im Asteroidengürtel – der zwischen Mars und Jupiter liegt – und dort der einzige Zwergplanet. Sein Entdecker nannte ihn einen Planeten – was ja im Altgriechischen nichts anderes als *Wandernder Stern* bedeutete.

Für ein halbes Jahrhundert, bis 1850, galt Ceres als Planet. Bis Astronomen so viel mehr ähnliche Himmelsobjekte um Ceres herum fanden, dass sich zeigte, dass Ceres das erste einer neue Klasse von Himmelsobjekten war: ein Asteroid. Im Asteroidengürtel gibt es Millionen kleiner Gesteinsbrocken. Aber unser Sonnensystem ist riesig. Das heißt, auch wenn es Millionen von Asteroiden im Asteroidengürtel zwischen Mars und Jupiter gibt, sind die so weit voneinander entfernt, dass Satelliten einfach hindurchfliegen können. Auf einen Asteroiden stößt man normalerweise nur, wenn man gezielt auf ihn zufliegt.

Übrigens: Manchmal stört Jupiters Anziehungskraft den Flug der Asteroiden und sie werden aus ihrer Bahn geschleudert. Einige davon treten dann als sogenannte *Meteore* in die Erdluft ein. Meteore können aber auch woanders herkommen. Zum Beispiel vom Mars, Mond oder einem Kometen. Und wo wir schon dabei sind – Sternschnuppen sind kleine Meteore, die durch die Reibung gänzlich in der Erdatmosphäre verglühen. Eine Sternschnuppe nennen wir dann wieder Meteorit, wenn ein Teil davon ohne zu verglühen bis auf den Erdboden gelangt. Ab einer bestimmten Größe des Meteoriten ist die Zeit für ihn zu kurz, um auf dem Weg durch unsere Luft zum Boden ganz zu verdampfen, dann prallt er am Boden mit gewaltiger Wucht auf. Aber auch hier helfen uns die enormen Distanzen im Sonnensystem. Es ist sehr unwahrscheinlich, dass uns einer der Asteroiden trifft. Dafür sind wir im Vergleich zum All glücklicherweise zu klein. Und es zielt ja niemand auf die Erde, bei Asteroiden ist vielmehr der Zufall im Spiel.

Dinosaurier – erst zu heiß, dann zu kalt

Möglich sind Asteroideneinschläge aber trotzdem, und im Falle des Falles können sie katastrophale Folgen haben – wenn der Asteroid groß genug ist. Die Dinosaurier sind wahrscheinlich durch einen solchen Asteroideneinschlag ausgestorben. Und nicht nur die Dinosaurier, sondern viele andere Arten auch. Der Einschlag eines massiven Asteroiden kann – neben der Zerstörung um den Einschlagsort –

Massen von Staub in die Erdatmosphäre hochschleudern. Ein Teil davon kommt schnell wieder herunter und erhitzt durch die Reibung der vielen kleinen Teilchen die Luft um geschätzte hundert Grad. Und kann auch ihre chemische Zusammensetzung etwas verändern. Vermutlich wird die Sonne schließlich von weiter hochgeschleudertem Staub verdunkelt und es wurde auf der Erde bitterkalt. Was fürs Landleben damals nicht besonders angenehm war. Im tiefen Meer überlebte es sich da besser. Über Jahre hinweg verdunkelte der Rest des Staubes die Sonne. Dadurch wurde es für lange Zeit kälter und dunkler. Dies passierte so schnell, dass Dinosaurier und andere Lebewesen kaum Zeit hatten, sich daran anzupassen. Uns würde es ähnlich ergehen.

Darum haben Weltraumagenturen ein Programm, um all die möglichen Meteoriten im Auge zu behalten. Sie verfolgen im Augenblick hauptsächlich die großen, die eine so verheerende Zerstörung wie damals bei den Dinosauriern auslösen könnten. Aber sie suchen den Himmel auch nach kleineren ab. Die beste Lösung wäre es, so ein Objekt von seiner Bahn abzulenken, wenn es auf Kollisionskurs mit der Erde ist. An solchen Strategien wird gerade gearbeitet.

Pluto und Eris, die Göttin des Streites

Der bekannteste Zwergplanet, Pluto, ist Teil des Kuiper-Gürtels jenseits der Neptun-Bahn, der wie der Asteroidengürtel Millionen Himmelskörper verschiedener Formen umfasst. Pluto hat einen Durchmesser von 2370 Kilometern, das ist ungefähr die Distanz von Wien nach Madrid, und ist circa zwei Drittel so groß wie der Erd-Mond. Von seiner Entdeckung 1930 bis zum Jahre 2012 genoss Pluto Planetenstatus, er hat bloß eine ungewöhnliche Bahn. Er umkreist die Sonne auf einer elliptischen Bahn und nicht in der gleichen Ebene wie die anderen Planeten im Sonnensystem. Bei Pluto passierte etwas Ähnliches wie bei Ceres, denn Astronomen fanden immer mehr und mehr Himmelsobjekte um ihn herum, die ihm ähnelten. Pluto ist nur der hellste dieser neuen Objekte, darum haben wir ihn früher gefunden als die anderen. Er ist hell, weil er mehr Eis auf der Oberfläche hat als die anderen sogenannten *Trans-Neptun-Objekte*. Pluto und die Trans-Neptun-Objekte ähneln schmutzigen Schneebällen.

2012 geschah dann ein Durchbruch. Plötzlich war klar, dass Pluto das erste Objekt einer neue Klasse von Himmelskörpern ist, die wir unter dem Begriff *Zwergplaneten* zusammenfassen. Bis jetzt sind nur einige der neuen Objekte offiziell als Zwergplaneten benannt, aber weitere werden bald folgen.

Die NASA-Mission *New Horizons* ist im Juli 2015 bei Pluto angekommen und knapp an ihm vorbeigeflogen. Die Aufnahmen haben alle verblüfft. Statt einer alten, mit Kratern übersäten Oberfläche zeigen die Bilder eine junge Oberfläche mit hohen Bergen, die bis zu 3500 Meter über den Boden ragen. Das Eis auf der Oberfläche sieht aus, als würde es fließen wie ein Gletscher. Wie das auf einem so kalten, kleinen Himmelsobjekt funktionieren soll, ist jetzt ein aktives Gebiet der Forschung. Auch die Atmosphäre von Pluto war eine Überraschung. Der Zwergplanet ist von verschiedenen, zarten Dunstschichten umhüllt, die bis zu 150 Kilometer hoch in die Luft reichen. Warum es sie gibt und wie sie entstehen, ist noch ein Rätsel.

Der Zwergplanet *Eris* ist mit 0,3 Prozent der Erdmasse circa um ein Viertel schwerer als Pluto und wurde 2005 vom Wissenschaftler Mike Brown und seinem Team entdeckt. Daraufhin entbrannte die Diskussion, ob jetzt alle neuen Himmelskörper, die massiver als Pluto sind, neue Planeten werden, oder ob es eine Neudefinition des Begriffs *Planet* geben muss, die bis jetzt das Freiräumen seiner Bahn um die Sonne beinhaltet. Eris ist deshalb nach der griechischen Göttin des Streits benannt. Weitere Zwergplaneten sind unter anderem *Haumea*, der nur ein Drittel so groß ist wie Pluto, und *Makemake*, der ein Drittel kleiner ist als Pluto.

Der neueste Vorbeiflug am Pluto hat uns gezeigt, wie sehr uns selbst Objekte in unserem Sonnensystem noch überraschen können.

Wie viel überraschender werden dann erst die Welten sein, die um andere Sterne kreisen?

Bis an den Rand unseres Sonnensystem haben wir es schon geschafft. Und wir schauen neugierig auf diesen nächsten Horizont. Obwohl wir noch nicht hinfliegen können, zeichnen wir schon die Sternkarte für ferne Erkundungsfahrten. Auf dieser Karte sind die ersten anderen Welten um andere Sterne markiert, als faszinierende Erkundungsziele. Aber wie können wir solche Welten über riesige kosmische Distanzen überhaupt aufspüren?

DAHER IST DIE AUFGABE NICHT NUR, ZU SEHEN, WAS NOCH KEINER GESEHEN HAT, → ALS AUCH BEI DEM, WAS JEDER SIEHT, ZU DENKEN, WAS NOCH KEINER GEDACHT HAT.

ATHUR SCHOPENHAUER
-PHILOSOPH-

WERKZEUGE FÜR DIE SUCHE

NACH
FREMDEN PLANETEN

Je mehr wir über unser Sonnensystem und das Universum erfahren, desto greifbarer wird die Frage, ob wir allein im Universum sind. Astronomen haben mittlerweile eine Palette an Werkzeugen und Methoden, die uns aber jetzt schon unglaubliche Entdeckungen beschert haben, um der Antwort näher zu kommen.

METHODE I: WACKELNDE STERNE

Indem sie die Bewegungen eines Sterns genau analysieren, können Astronomen versteckte Welten aufspüren. Sterne *wackeln*, weil Planeten an ihnen ziehen. Das kann man sich vorstellen wie bei einem Spaziergänger mit Hund. Zieht dieser wieder einmal an der Leine, bewegt sich Herrchen oder Frauchen nämlich anders als ohne Hund. Selbst wenn man nur den Oberkörper desjenigen sehen würde, weiß man, ob er einen großen oder kleinen Hund spazieren führt. Der Besitzer lehnt sich dem Ziehen entgegen, um das Gleichgewicht zu halten.

FUSSGÄNGER MIT HUNDEN
SIND WIE STERNE

(HUNDE IN DEM FALL DIE PLANETEN,
DIE AN IHNEN ZIEHEN)

Planeten, die ihren Stern umkreisen, werden statt von der Leine von der Anziehungskraft auf ihrer Bahn gehalten. Jeder Stern, der von einem Exoplaneten umkreist wird, lehnt sich seinerseits dem Ziehen des Planeten entgegen. Sterne machen dadurch eine winzige, kreisförmige Ausgleichsbewegung. Das heißt, wenn der Planet auf seiner Bahn um den Stern auf die Erde zusteuert, dann bewegt sich sein Stern gerade von uns weg. Kommt der Stern der Erde näher, dann bewegt sich der Planet auf seiner Bahn von der Erde weg. Von der Erde aus können wir nicht die ganze Kreisbewegung, sondern nur die Bewegung auf uns zu und von uns weg so genau messen. Salopp gesagt sieht das so aus, als ob der Stern *wackelt*. Wissenschaftlich nennen wir es *Radialgeschwindigkeitsmessung*.

Wenn der Stern sich einmal auf die Erde zu und von ihr weg bewegt hat, heißt das auch, der Planet hat seinen Stern einmal umrundet. Dadurch können Astronomen aus dem Wackeln eines Sternes die Jahresdauer und daraufhin mit den Kepler-Gesetzen den Abstand des Planeten vom Stern herausfinden. Unsere Sonne macht auch so eine Ausgleichsbewegung. Von weit weg gesehen, wackelt sie einmal pro Jahr, weil die Erde an ihr zieht. Sie wackelt aber auch einmal alle zwölf Jahre, weil Jupiter an ihr zieht und so weiter. Deshalb können wir mehrere Planeten um einen anderen Stern aufspüren. Einige Heiße Jupiter, die ganz nah am Stern kreisen, brauchen weniger als einen Erdtag für die Umrundung. Ihr Jahr dauert nicht einmal einen Tag auf der Erde. Dagegen brauchen die Eisgiganten ganz weit draußen bis zu mehreren Tausend Erdjahren, um ihren Stern zu umrunden.

Wenn der Planet massereich ist, so wie Jupiter, dann ist diese Ausgleichsbewegung des Sterns größer. Bei einem leichteren Planeten wie der Erde ist die Ausgleichsbewegung des Sterns kleiner. Einfach gesagt: Je mehr der Stern wackelt, desto schwerer ist sein Planet, der ihn in einem bestimmten Abstand umkreist. Stärkeres Wackeln ist auch für Astronomen leichter zu beobachten, weshalb man massereiche Planeten einfacher findet.

1995 wurde genau durch diese Methode unser Weltbild verändert, als Astronomen den ersten Exoplaneten entdeckten. Nur entsprach der gar nicht unseren Erwartungen.

Der Planet, der unser Weltbild veränderte

Der erste Planet um eine andere Sonne, der 1995 entdeckt wurde, kreist in nur viereinhalb Tagen um seinen Stern. Fünf Tage Beobach-

★ DAS WACKELN DER STERNE ★

➡ WENN EIN GROSSER PLANET ZIEHT...

1 RUNDE
(= 1 Jahr)
4,5 TAGE

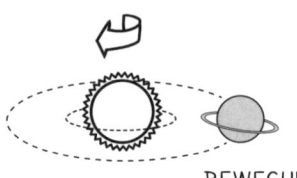

BEWEGUNG
DES STERNS

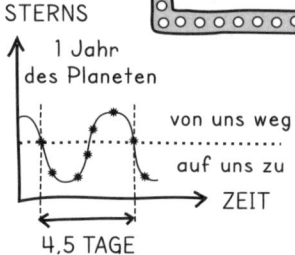

1 Jahr
des Planeten

von uns weg

auf uns zu

ZEIT

4,5 TAGE

BEWEGUNG
HEISSER JUPITER
(schneller, weil weiter drinnen)

➡ WENN EIN KLEINER PLANET ZIEHT...

1 RUNDE
(= 1 Jahr)
365 TAGE

BEWEGUNG
DES STERNS

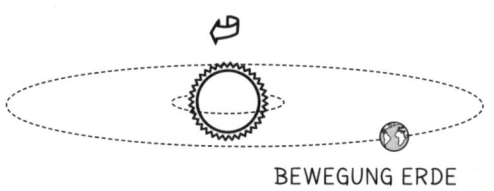

1 Jahr
des Planeten

von uns weg

auf uns zu

ZEIT

365 TAGE

BEWEGUNG ERDE
(langsamer, weil weiter draußen)

➡ WENN 2 PLANETEN ZIEHEN...

BEWEGUNG
DES STERNS

BEIDE KURVEN ZUSAMMEN

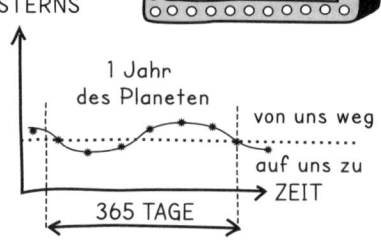

von uns weg

auf uns zu

ZEIT

365 TAGE

4,5 TAGE

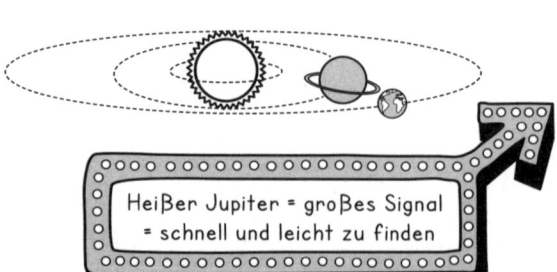

Heißer Jupiter = großes Signal
= schnell und leicht zu finden

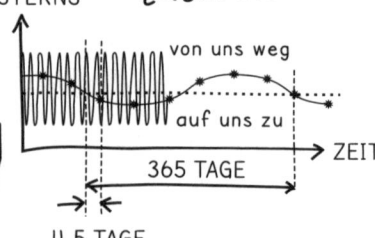

tung reichen aus, um den Planet ausfindig zu machen. Dass es so nahe am Stern überhaupt einen und noch dazu einen großen Planeten geben kann, verblüffte die Wissenschaftler. Damals dachten Astronomen, dass große Planeten wie Jupiter, die auffindbar sind, einige Jahre brauchen, um ihren Stern zu umkreisen. Also müssten die Beobachtungen ebenso lange dauern, bevor man den ersten Exoplaneten eindeutig identifizieren könnte. Doch dem war nicht so.

Der Schweizer Professor Michel Mayor, der mit seinem Doktoranden Didier Queloz diesen Planeten fand, war bei den ersten Beobachtungen selbst gar nicht dabei. Didier Queloz probierte das Instrument, das sie entwickelt hatten, erst einmal aus. Und fand plötzlich, in circa 50 Lichtjahren Entfernung im Sternbild Pegasus, einen Jupiter-großen Planeten, der in weniger als fünf Tagen seinen Stern umrundet. Nachdem er den Abstand des Sterns, 51 Pegasus, zur Erde Nacht für Nacht gemessen hatte, sah er, dass der Stern sich in diesen fünf Nächten erst auf die Erde zu, dann von ihr weg und in der fünften Nacht wieder auf die Erde zuzubewegen beginnt.

Damit ist ein Jahr auf diesem Planeten nur ein paar Tage lang, quasi von Montagmorgen bis Freitagmittag. Er umkreist seinen Stern schnell und sehr nah. Dieser erste entdeckte Exoplanet hat mit unserer Erde nichts gemeinsam. Er ist ein riesiger Gasplanet, ähnlich wie Jupiter – aber er ist durch die Nähe zum Stern extrem heiß: der erste Heiße Jupiter. Sein Name ist *51 Pegasus b*.

Wenn es einen zweiten Planet um den Stern geben würde, hieße der »c«, der nächste »d« und so weiter. Unspektakulärer Name, aber eine atemberaubende Entdeckung der ersten Welt um eine andere Sonne. Sie hat uns gezeigt, dass unser Sonnensystem nicht unbedingt die Norm ist. Bei uns gibt es keinen Heißen Jupiter. Aber wie genau konnten die Forscher diesen Planeten in so großer Entfernung überhaupt aufspüren?

Kosmischer Krankenwagen

Dazu schauen wir uns Licht einmal genauer an, und zwar mit folgendem Beispiel: Wenn eine Ambulanz an uns vorbei fährt, ändert sich der Ton, den wir hören. Es klingt anders, wenn sie auf uns zukommt oder von uns wegfährt. Das nennt sich Dopplereffekt. Die Bewegung des Fahrzeugs relativ zu uns ändert den Ton, den wir hören. Das Gleiche passiert mit Licht. Das Licht, das ein Stern aussendet, hat bestimmte Farben oder, wissenschaftlich ausgedrückt, *Wellenlängen*. Das Licht sieht also anders aus, wenn der Stern auf uns zukommt oder sich von uns weg bewegt. Die Bewegung eines Sterns ist wie beim Ton der Ambulanz in seinem Licht kodiert. Wenn sich der Stern von uns weg bewegt, sieht sein Licht, wenn es bei uns ankommt, rötlicher aus, wenn er auf uns zukommt, bläulicher.

Im Beobachtungsprozess nutzen Astronomen aus, dass auch Sterne ganz dünne Atmosphären haben. In dieser heißen Gasschicht befinden sich Atome. Ein Atom besteht aus seinem Atomkern in der Mitte und Elektronen, die außen um den Kern herumfliegen. Im Kern des Atoms liegen dicht aneinander gedrängt positive Protonen und neutrale Neutronen. Viel weiter außen, ganz weit weg vom Kern, befinden sich auch Elektronen, die verschiedene Energien haben können. Im Vergleich wäre der Kern eines Atoms so groß wie eine Erbse in der Mitte eines Fußballfeldes. Die Elektronen schwirren dann am Rand des Fußballfeldes.

Trifft Sternenlicht diese Atome, werden ihre Elektronen kurzzeitig auf höhere Energieniveaus gehoben. Dadurch fehlen – je nachdem, welches Atom getroffen wurde – ganz bestimmte Farben im Sternenlicht. Jede Wellenlänge des Lichts steht für eine ganz bestimmte Energie.

Das heißt, die jeweils fehlende Energie im Sternenlicht, das bei uns ankommt, zeigt genau, welcher chemische Stoff vom Licht getroffen wurde. Wenn es Sauerstoff in der Atmosphäre gibt, fehlen andere Wellenlängen im beobachteten Licht des Sterns, als wenn es dort Wasserstoff gibt. Wir sehen die fehlende Energie als dunklere Stellen –

DER DOPPLEREFFEKT

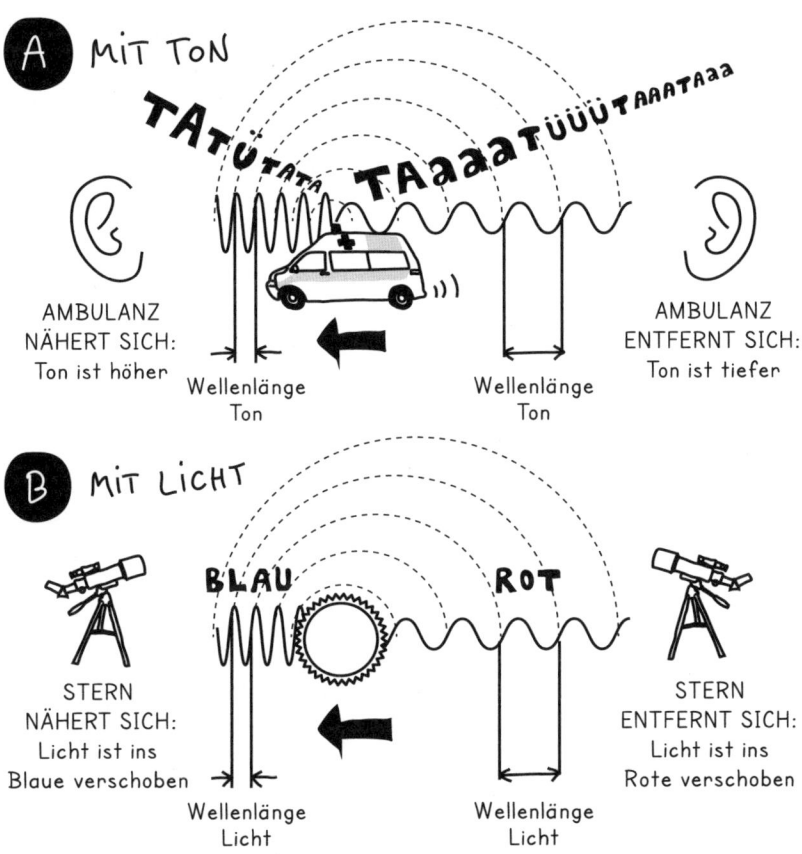

A MIT TON

TATÜTATA TAAaaTÜÜÜTAAATAaa

AMBULANZ
NÄHERT SICH:
Ton ist höher

Wellenlänge
Ton

AMBULANZ
ENTFERNT SICH:
Ton ist tiefer

Wellenlänge
Ton

B MIT LICHT

BLAU   ROT

STERN
NÄHERT SICH:
Licht ist ins
Blaue verschoben

Wellenlänge
Licht

STERN
ENTFERNT SICH:
Licht ist ins
Rote verschoben

Wellenlänge
Licht

Absorptionslinien – im Licht des Sterns. Diese Linien im Sternenlicht zeigen Astronomen nicht nur, welche chemische Zusammensetzung die Atmosphäre eines Sterns hat, sondern sie lassen sich auch ausgezeichnet als Maßstab dafür verwenden, die Bewegung des Sterns genau zu messen. Diese Absorptionslinien kann man benutzen wie die Zentimeterunterteilungen auf einem Lineal.

Wenn sich der Stern bewegt, dann sind die Absorptionslinien nicht da, wo sie sein sollen. Dadurch können die Astronomen die Bewegung eines Sterns genau aufzeichnen. Etwas umkreist den Stern, wenn sich diese beobachteten Linien regelmäßig auf uns zu und von uns weg bewegen. Wenn diese Ausgleichsbewegung des Sterns winzig ist, so handelt es sich um einen leichten Himmelskörper. Das kann dann nur ein Planet sein. So können wir Planeten über kosmische Fußballfelder hinweg aufspüren, ohne sie zu sehen.

Masse liegt immer im Auge des Betrachters

Die Ausgleichsbewegung des Sterns verrät uns die Masse des Exoplaneten – jedenfalls fast. Das Problem ist, dass wir im Licht des Sterns nur die Bewegung des Sterns von uns weg und auf uns zu sehen. Wenn wir nochmal auf unseren Spaziergänger mit dem Hund schauen: Von der Seite lässt sich viel besser beobachten, wie weit er sich zurücklehnt und wie schwer der Hund ist, der zieht. Wenn wir aber auf einem Hügel stehen und von oben auf den Hundehalter blicken, ist unsere Perspektive verschoben, weil wir die ganze Bewegung von einem erhöhten Standpunkt aus oder aus einem anderen Winkel betrachten. Das ist bei der Sternbeobachtung ähnlich. Wenn die Bahn des Planeten von uns aus gesehen schräg liegt, scheint der Stern eine kleinere Bewegung zu machen, weil wir immer nur den Teil sehen, der genau auf uns zu und von uns weg geht. Dadurch erscheint uns ein schwerer Planet weniger schwer. Astronomen können dann das genaue Gewicht nicht bestimmen, sondern nur berechnen, was die kleinste Masse des Planeten wäre, angenommen sie würden die ganze Bewegung des Sterns von der Seite sehen. Daher können wir bei fremden Planeten immer nur die *Minimalmasse* angeben, oft ist er aber schwerer.

Bei einigen der Planeten wissen wir, wie schwer sie wirklich sind. Diese Planeten verdunkeln nämlich ihren Stern, es gibt sozusagen eine Sternfinsternis. In diesem Moment wissen wir, dass wir den Stern genau von der Seite sehen und können das Gewicht des Planeten eindeutig bestimmen. Mehr zu den geheimnisvollen Finsternissen später.

Kleine Planeten überall

Unsere Erde braucht 365 Tage, um die Sonne zu umrunden. Um eine solche Erde zu finden, bräuchten Astronomen viel länger als für einen Heißen Jupiter, weil sie die Sterne über einen größeren Zeitraum beobachten müssen. Noch dazu zieht ein kleiner Planet wie die Erde viel weniger an seinem Stern als ein schwerer Heißer Jupiter. Das Signal eines kleinen, kühlen Planeten ist also generell schwieriger aufzuspüren. Daher waren die ersten anderen Welten, die wir um andere Sonnen entdeckt haben, extrem heiße, massive, unwirtliche Orte. Dadurch, dass sie einfach zu finden waren, schlich sich die Vorstellung ein, dass alle Exoplaneten derartig unbewohnbar sein könnten. Wir hatten ja noch keine anderen gefunden. Aber heute, 20 Jahre später, haben Astronomen Hunderte von wackelnden Sternen entdeckt. Mit mehr Beobachtungszeit und besseren Instrumenten beginnt sich das Bild zu ändern. Astronomen finden momentan mehr und mehr kleine Planeten und mit längerer Beobachtungszeit auch immer kühlere.

Die kleinen unter den beobachteten wackelnden Sternen erlauben es uns, auch leichte Planeten zu finden. Weil ein kleiner, leichter Stern stärker wackelt als ein großer, schwerer Stern, wenn ein Planet ihn umkreist. Das bedeutet: Wir sehen das Wackeln auch, wenn ein kleinerer Felsplanet zieht. Und es sieht ganz so aus, dass es viel mehr massearme Planeten im Universum gibt als massereiche. Und je masseärmer ein Planet ist, desto wahrscheinlicher ist es, dass er ein Felsplanet ist.

Auch der uns am nächsten gelegene Stern, Alpha Centauri B, wackelt. Astronomen haben die winzige Spur eines heißen, leichten

Planeten um unseren Nachbarstern gefunden. Dieser entdeckte kleine Planet ist viel zu heiß, um für Leben in Frage zu kommen. Aber kleine Planeten kommen meistens nichts alleine. Sollten wir weitere Planeten in größerem Abstand von Alpha Centauri B finden, könnten wir eine mögliche zweite Erde sozusagen vor unserer kosmischen Türschwelle haben. Die Frage ist noch offen, aber es wird nach weiteren winzigen Signalen um unseren Nachbarstern intensiv gesucht.

METHODE II:
VERDUNKLUNG ODER TRANSIT-METHODE

Eine Sonnenfinsternis ist noch lange kein Weltuntergang

Heute noch starren wir in gebannter Faszination an den Himmel, wenn sich die Sonne verdunkelt. Wir wissen, dass die Dunkelheit nur kurzzeitig ist und nichts mit dem Unwillen von Göttern zu tun hat. Sie wird ganz einfach von der Bewegung von Sonne, Erde und Mond verursacht. Und doch atmen wir auf, wenn die Sonne wieder hinter dem Mond hervorkommt.

Diese alte Angst sorgt noch immer dafür, dass Unkenrufe vom Weltuntergang bei der nächsten Sonnenfinsternis auf fruchtbaren Boden fallen. Rein logistisch würde dieser Weltuntergang aber vor großen Problemen stehen: Wenn die Sonnenfinsternis das Ende der Welt bedeutet, geht dann die Welt in Salzburg um sechs Stunden früher unter als in New York? Und zwölf Stunden früher als in Hawaii? Und in den Orten, die sich nicht im Kernschatten befinden – also dort, von wo aus man nur eine Teilfinsternis sehen kann –, geht die Welt dort dann nur teilweise unter? Der Großteil der Erde liegt außerhalb der Schattenzone. Ist dort dann alles in Ordnung?

Diese Fragen eignen sich hervorragend, solche Gespräche zu beenden. Der Unkenrufer hat meiner Erfahrung nach dann immer ganz dringend etwas anderes zu tun.

Tatsächlich sind Schattenspiele für die Suche nach Exoplaneten essentiell. Aber bevor wir zu anderen Sternen und anderen Planeten aufbrechen, noch einmal zurück zu unserem Stern, der Sonne. Wie funktioniert so eine Sonnenfinsternis?

Die geometrische Uhr

Wenn sich der Mond zwischen uns und die Sonne schiebt, dann gibt es eine Sonnenfinsternis oder *Eklipse*, weil wir die Sonne nicht sehen. Die findet aber nicht gleichzeitig überall auf der Welt statt. Der Mond muss unsere Blickrichtung von diesem Ort auf der Erde zur Sonne kreuzen. Das ist ein rein geometrischer Effekt. Dann sehen wir die totale Sonnenfinsternis zum Beispiel in Salzburg, aber nicht in New York. Weil unsere Blicklinie zur Sonne von New York aus eine ganz andere ist. Wann wir wo eine Eklipse sehen, ist einfach zu berechnen und löst manchmal richtiggehendes Reisefieber aus. Besonders bei Astronomen, weil so eine Sonnenfinsternis ziemlich selten ist.

Von einem bestimmten Ort auf der Erde sehen wir eine totale Eklipse durchschnittlich nur alle paar hundert Jahre. Der Kernschatten – der geographische Ort, wo der Mond die Sonne vom Boden aus gesehen komplett abdeckt – ist nur mehrere hundert Kilometer breit. Drumherum gibt es nur eine Teilfinsternis, von noch weiter weg sieht man die Sonne ganz normal.

Mit den Keplerschen Gesetzen können Astronomen den Zeitpunkt von Sonnenfinsternissen genau berechnen. Und zwar sowohl weit in die Zukunft als auch weit in die Vergangenheit zurück. Die letzte totale Sonnenfinsternis in den USA war 1979. Die nächste wird am 21. August 2017 sein. In Salzburg gab es die letzte totale Sonnenfinsternis am 11. August 1999 um 11:30 Uhr (Dauer: circa zwei Minuten), die nächste wird um 7:43 Uhr am 2. September 2081 (Dauer: circa vier Minuten) zu sehen sein. Allerdings nur bei schönem Wetter. Wenn

Wolken unseren Blick auf die Sonne verdecken, können wir natürlich auch die Sonnenfinsternis nicht sehen.

Übrigens kann man auch alte Texte der Weltgeschichte überraschend genau datieren, wenn Eklipsen darin vorkommen. Der griechische Philosoph Thales von Milet soll eine Sonnenfinsternis vorhergesagt und damit den Krieg zwischen den Medern und den Lydiern beendet haben. Diese Sonnenfinsternis fand am 28. Mai 585 vor Christus statt. Aufgrund dieses Zusammenhangs ist die letzte Schlacht dieses Krieges das erste Ereignis der Weltgeschichte, das so genau datiert werden kann. Ob die Geschichte über Thales stimmt, ist natürlich eine Frage für Historiker. Aber wenn sich die Sonne tatsächlich genau am Tag einer großen Schlacht verdunkelte, muss das beängstigend für die Soldaten damals gewesen sein. Dies vorherzusagen und dann geschickt als Omen zur Beendigung des Krieges zu interpretieren, ist ein inspirierendes Beispiel für angewandte Astronomie.

Schattenspiele anderer Welten

Jeder Planet, der seine Sonne abdeckt, zeigt regelmäßig ein ganz charakteristisches Schattenspiel, das sich exakt nach der gleichen Zeitspanne – auf die Minute genau – wiederholt. Solange er sich – von der Erde aus gesehen – vor seinen Stern schiebt, können Astronomen ihn durch diese kurzzeitige Verdunklung ausfindig machen.

Wenn sich ein Planet in die Blicklinie zwischen uns und seinen Stern schiebt, dann kommt kurzzeitig weniger des Lichts dieses Sterns bei uns an und wir sehen nur einen Teil seiner Oberfläche. Der Stern erscheint dann jedes Mal ein wenig dunkler. Da der Planet und der Stern beide weit von uns weg sind – einige kosmische Fußballfelder –, kann der Planet nie den ganzen Stern abdecken, sondern nur einen Bruchteil seiner heißen Oberfläche.

Jupiter ist der größte Planet in unserem Sonnensystem. Trotzdem ist er immer noch sehr viel kleiner als die Sonne. Um die Sonne abzu-

TRANSITSIGNATUREN VON PLANETEN

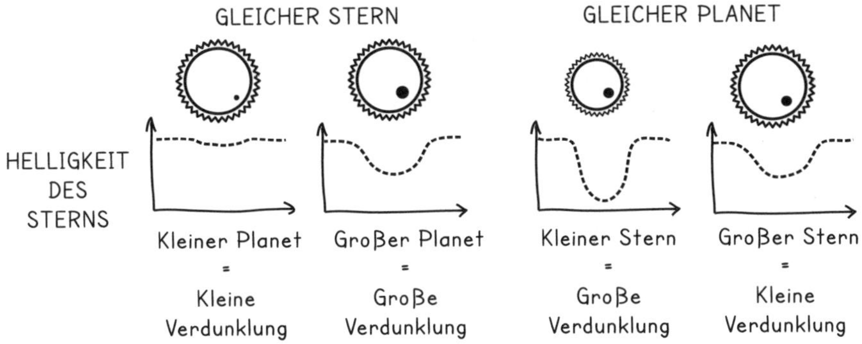

GLEICHER STERN

GLEICHER PLANET

HELLIGKEIT DES STERNS

Kleiner Planet
=
Kleine
Verdunklung

Großer Planet
=
Große
Verdunklung

Kleiner Stern
=
Große
Verdunklung

Großer Stern
=
Kleine
Verdunklung

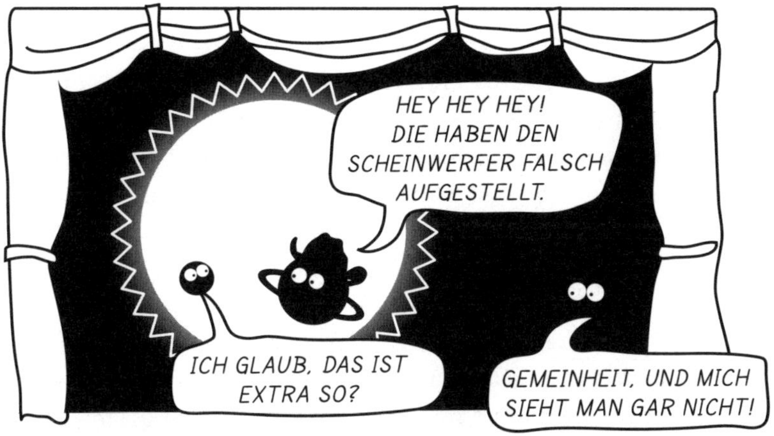

HEY HEY HEY! DIE HABEN DEN SCHEINWERFER FALSCH AUFGESTELLT.

ICH GLAUB, DAS IST EXTRA SO?

GEMEINHEIT, UND MICH SIEHT MAN GAR NICHT!

VERDUNKLUNGSSIGNATUR EINES MULTI-PLANETEN-SYSTEMS

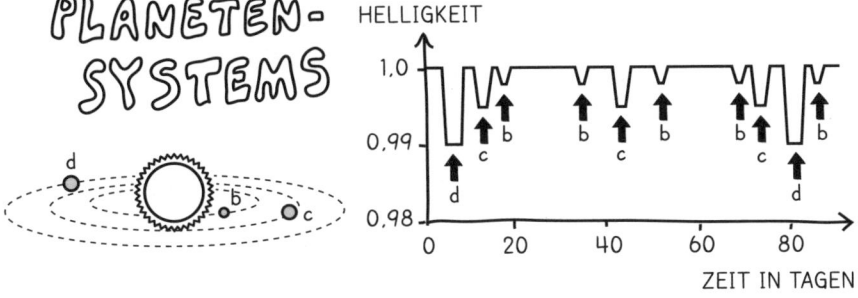

HELLIGKEIT

1,0

0,99

0,98

0   20   40   60   80

ZEIT IN TAGEN

decken, müsste man 100 Jupiter nebeneinander stellen. Oder 10.000 Erden. Einem entfernten Astronomen in unserem Sonnensystem würde die Sonne nur ein Prozent dunkler erscheinen, wenn sich Jupiter in seine Blickrichtung, also zwischen ihn und unsere Sonne schiebt. Die Erde würde er wahrscheinlich kaum bemerken. Um kleine Planeten aufzuspüren, brauchen wir Teleskope, die ihre Sterne nach kleinsten periodischen Helligkeitsschwankungen absuchen. Unsere Technologie erreicht gerade diese Genauigkeit, um eine Erde, die um einen fremden Stern kreist, aufzuspüren.

Wie viel dunkler der Stern wird, kommt also darauf an, wie viel der leuchtenden Sternenoberfläche der Planet abdeckt. Daraus lässt sich dann auch die Größe des Exoplaneten berechnen. Wenn das Licht des Sterns – sagen wir der beobachtete Stern ist so groß wie unsere Sonne – periodisch um ein Prozent abfällt, umkreist den Stern ein Jupiter-großer Planet. Wenn er nur um ein Hundertstel Prozent dunkler wird, umkreist ihn ein Planet von der Größe unserer Erde. *Erdgroß* heißt aber nicht automatisch *erdähnlich*. Das wird oft verwechselt. Manche dieser erdgroßen Exoplaneten kreisen zum Beispiel so nahe an ihrem Stern, dass sie Lavaplaneten sind. Erdgroße Lavaplaneten sind auf keinen Fall erdähnlich.

Die Verdunklung wiederholt sich regelmäßig, auf die Minute genau, immer im Tempo der Umrundung. Die Erde kreist genau ein Mal pro Erdjahr um die Sonne und kann so ein Mal pro Jahr die Sonne abdecken. Jupiter umkreist die Sonne nur ein Mal in ungefähr zwölf Erdjahren und kann so auch nur ein Mal alle zwölf Jahre die Sonne abdecken. Auch mit dieser Suchmethode gibt es also Planeten, die schneller zu finden sind, nämlich diejenigen, die nah an ihrem Stern kreisen.

Handelt es sich um ein *Planetensystem*, dann verdunkelt jeder einzelne Planet seinen Stern zu einer bestimmten Zeit. Dadurch können wir so auch ganze Planetensysteme – mehr als einen Planeten um einen Stern – finden.

Die Entdeckung der ersten anderen Planetensysteme hat einige Überraschungen gebracht. Unter anderem können Planetensysteme um einiges dichter mit Himmelskörpern bevölkert sein als unser Sonnensystem. Im ersten entdeckten Exoplanetensystem, genannt Kepler-11, kreisen mindestens sechs Planeten um ihren Stern. Diese sechs können wir nachweisen, weil sie ihren Stern verdunkeln. Der Stern selbst, Kepler-11, ist unserer Sonne sehr ähnlich. Aber es gibt schon allein fünf Planeten, die sich innerhalb der Merkurbahn befinden. Auf dieser Distanz gibt es in unserem Sonnensystem noch gar keine Planeten. Der innerste Planet im Sonnensystem ist Merkur. Warum manche Planetensysteme dicht gepackt sind und manche weniger, wissen wir nicht. Aber daraus folgern wir, es gibt noch mehr Exoplaneten, als wir dachten – da wir das Sonnensystem immer für normal gehalten haben. Seit dieser ersten Entdeckung 2011 haben Astronomen Hunderte andere Planetensysteme aufgespürt. Noch keines dieser Planetensysteme ähnelt unserem, aber sie zeigen uns jetzt schon eine aufschlussreiche Vielfalt möglicher Welten, die es zu erklären gilt. Und Planetensysteme haben auch einen anderen großen Vorteil.

Planet oder nicht Planet?

Wenn es mehr als einen Planeten um eine Sonne gibt, erleichtert das das Beobachten. Die größte Fehlerquelle, die Astronomen bei der Suche nach Planeten mit der Verdunklungsmethode ausschließen müssen, sind andere Sterne im Beobachtungsfeld. Das klingt jetzt einfach, weil Sterne ja hell sind. Aber selbst wenn sie in so großer Entfernung liegen, dass wir sie nicht sehen, können sie dennoch einen ganz kleinen Helligkeitsunterschied in der Aufnahme verursachen. Fast die Hälfte der Sterne ist nämlich nicht allein unterwegs. Sie werden von einem zweiten Stern umkreist, sie sind sogenannte *Doppelsterne*. Manche werden sogar von mehr als einem anderen Stern umkreist. Genau genommen jedoch bewegen sie sich alle um den *Massenmittelpunkt* des Systems und nicht um einen bestimmten Stern.

Wenn zwei Sterne so umeinander kreisen, dass sie – von uns aus gesehen – einander abdecken, ändert sich ihre Gesamthelligkeit. Das Licht, das wir von den beiden Sternen sehen können, wird periodisch heller und dunkler, je nachdem, ob wir beide sehen oder einer gerade abgedeckt wird. Das Problem einer Verwechslung entsteht, wenn so ein Doppelstern viel weiter weg von uns ist als der Stern, den wir auf Planeten absuchen, er aber von uns aus ganz knapp neben dem Stern zu sehen ist. Dann können die drei Lichtquellen zu einem Lichtpunkt in unserem Detektor verschmelzen. Und so können die beiden Sterne im Hintergrund eine winzige periodische Verdunklung des gesamten Sternenlichts vortäuschen. Um das auszuschließen, sehen Astronomen sich die Umgebung jedes Sterns, der Verdunklungen zeigt, mit großen Teleskopen genau an. Je größer das Teleskop ist, desto näher müssen sich zwei Lichtquellen am Himmel sein, damit ihr Licht verschmilzt.

Ein Doppelstern könnte unentdeckt also ein ähnliches Signal vortäuschen wie ein kleiner Planet. Aber es ist sehr unwahrscheinlich, dass es mehr als einen Doppelstern im Hintergrund gibt, der so nahe am Stern steht. Das heißt, wenn der Stern von mehreren Planeten verdunkelt wird, können wir diese Fehlerquelle ausschließen. Es kann nicht rein zufällig genauso viele Doppelsterne geben, die von uns aus gesehen exakt hinter dem fraglichen Stern stehen, dass das Ergebnis vorgetäuscht wird. Das haben Astronomen erst 2014 genau durchdacht. Dadurch wurde die Suche nach Exoplaneten in Planetensystemen einfacher. Mehrere Hundert Kepler-Planeten-Kandidaten mussten deshalb nicht mehr einzeln untersucht werden. Sie umkreisen ihren Stern mit anderen Exoplaneten und waren dadurch keine Hintergrund-Doppelsternsignale, sondern ganz eindeutig Planeten. Damit hatten wir Hunderte neue und gesicherte Exoplaneten auf einen Schlag.

Und obwohl Astronomen schon Planeten um gelbe Sterne wie unsere Sonne gefunden haben, sind die Exoplaneten um die kleinsten Sterne – noch – die wirklich interessanten Welten.

4.

Kapitel

WERKZEUGE FÜR DIE SUCHE NACH FREMDEN PLANETEN

Klein, aber oho

Die Verdunklungs- oder *Transitmethode* zeigt uns, wie gesagt, die Größe des Planeten im Vergleich zu seinem Stern. Das heißt, wenn es noch zu schwierig ist, kleine Planeten um große Sterne zu finden, hilft es, kleinere Sterne ins Visier zu nehmen. Je kleiner der Stern ist, den ein Planet bestimmter Größe umkreist, desto mehr von seiner Oberfläche wird abgedeckt, wenn der Planet sich in unsere Blicklinie schiebt. Um solch kleine Sterne haben wir schon Exoplaneten gefunden, die fast so klein wie unser Erd-Mond sind.

Die kleinsten normalen Sterne sind nur ein Zehntel so groß wie unsere Sonne. Das heißt, sogar ein erdgroßer Planet deckt ein Prozent der Oberfläche eines kleinen Sterns ab. Da es viel mehr kleine als große Sterne im Universum gibt, finden wir schon jetzt viele dieser spannenden kleinen Welten. Und obwohl so eigentlich nur Exoplaneten aufgespürt werden können, die einen Teil der Sternoberfläche abdecken, finden Astronomen mit dieser Methode – manchmal – sogar Planeten, die sich nicht vor ihren Stern schieben. Aber wie kann das gehen?

Versteckspiel

Die Verdunklung oder der Transit eines Planeten wiederholt sich auf die Minute genau. Jedenfalls solange nichts am Planeten zieht.

Wenn sich zwei Planeten nah genug kommen, dann ziehen sie sich an. Das kann einen der zwei Planeten kurzzeitig bremsen und den anderen kurzzeitig beschleunigen. Dadurch kommt dann ein Planet, der seinen Stern verdunkelt, ungewöhnlicherweise ein paar Minuten früher oder später an seinem Stern vorbei wie zum Beispiel beim Planeten *Kepler-19b*. Mit genauen Messungen können wir so auch versteckte Planeten finden wie den ziehenden *Kepler-19c*. Sie müssen gar nicht in unserem Blickfeld auftauchen, denn wir finden sie indirekt, weil sie an dem Planeten ziehen, der die Sonne abdeckt. Wir haben durch diese genaue Zeitmessung schon andere Welten gefunden, die uns sonst entgangen wären.

Die Suche nach Exomonden

Übrigens wackeln Planeten auch, wenn sie von einem Mond umkreist werden. Wir könnten diese winzige Ausgleichsbewegung des Planeten – wie beim Stern – in seinem Licht sehen. Aber die größten Teleskope sind noch zu klein, um genug reflektiertes Licht von einem Exoplaneten einzufangen, damit man das Wackeln erkennen könnte. Die Monde selbst sind zu klein, um sie durch ihre Bedeckung des Sterns zu finden. Wenn aber ein Exoplanet mit Mond seinen Stern abdeckt, wird seine Pünktlichkeit ein klein wenig beeinflusst. Er verdunkelt seinen Stern ein wenig früher, wenn der Mond in die entgegengesetzte Richtung der Bewegung des Planeten zieht. Dann lehnt sich der Himmelskörper sozusagen in die Fahrtrichtung und kommt ein klein wenig früher beim Stern vorbei. Wenn der Mond in Fahrtrichtung zieht, dann lehnt sich der Planet dagegen und kommt ein klein wenig später an. Diese Verzögerung können Astronomen messen und so möglicherweise einen unentdeckten *Exomond* ausmachen.

Bis jetzt war die Suche noch erfolglos. Die Frage, ob es Exomonde gibt, ist deshalb spannend, weil große Monde möglicherweise auch Lebensbedingungen bieten könnten – ein Konzept, mit dem Science-Fiction-Werke oft spielen. Aber einige der seltsamsten Eigenschaften solcher Exoplaneten könnten sich vermutlich nicht einmal Science-Fiction-Autoren ausdenken.

Das geht aber in die falsche Richtung – Heiße Jupiter als Geisterfahrer

Ein Stern dreht sich. Das heißt, die Sternoberfläche kommt zum Beispiel links auf uns zu und dreht sich rechts von uns weg. Die linke Seite zeigt dann einen Dopplereffekt und das Sternenlicht wird bläulicher, weil es auf uns zukommt. Wohingegen die rechte Seite des Sterns, die sich von uns weg dreht, rötlicher erscheint. Dieses Signal ist um einiges kleiner als das Wackeln des Sterns, aber durchaus messbar. Wenn Planeten entstehen, folgt ihre Umlaufbahn der Drehrichtung des Sterns. Wenn der Exoplanet jetzt vor dem Stern vorbeizieht, in die gleiche Richtung, in die sich auch der Stern dreht, dann deckt der Exoplanet erst die bläuliche Seite des Sterns und dann die rötliche Seite des Sterns ab. Das sehen Astronomen auch – aber nicht immer.

Für Heiße Jupiter können Astronomen heute schon die Flugrichtung messen. Für kleinere Planeten noch nicht. Die Beobachtungen zeigen, dass ein Viertel aller Heißen Jupiter in die falsche Richtung um ihren Stern fliegen. Sie sind sozusagen Geisterfahrer. Die beste Erklärung dafür ist, dass sie in eine gewaltige Kollision mit einem anderen Planeten verwickelt waren. Ein Frontalzusammenstoß zum Beispiel. Aber können wir daraus schlussfolgern, dass es in der Jugend von Heißen Jupitern immer so heftig zugeht? Sind alle Heißen Jupiter in solche gewaltigen Kollisionen verwickelt oder nur das Viertel, das in die falsche Richtung fliegt? Können kleine lebensfreundliche Planeten in solchen Planetensystemen überleben? Und fliegt von ihnen auch ein Teil in die falsche Richtung? Eine Antwort haben wir noch nicht, aber Astronomen könnten jeden Tag neue Beobachtungen finden, die dieses Rätsel lösen könnten.

Forschung ganz konkret: aktuelle Missionen im Weltraum

Das Teleskop Kepler wurde 2009 unter anderem ins All geschickt, um nach bewohnbaren Planeten zu suchen. Ganz konkret ging es um die Frage, wie viele Sterne von Planeten umkreist werden und wie viele davon kleine Planeten sind. Um das zu beantworten, wurde das Instrument über drei Jahre lang auf 150.000 Sterne gerichtet. Um eine verlässliche Aussage zu machen, braucht man drei Jahre, weil die erste Verdunklung des Sterns auch ein vorbeifliegendes Objekt sein kann, also wartet man auf die zweite Abdeckung der Sternoberfläche. Dann kann man berechnen, wann die dritte kommen muss. Wenn das passiert, kann es nur ein Objekt sein, das um den Stern kreist. Wenn es klein genug ist, kann es nur ein Planet sein. Das Teleskop Kepler wurde deshalb auf drei Jahre ausgelegt, weil unsere Erde ein Mal im Jahr die Sonne abdeckt und drei solche Eklipsen mindestens drei Jahre dauern. Besser wären vier Jahre Beobachtungszeit für den Fall, dass wir das Experiment zufällig gerade dann beginnen, wenn sich die Erde erst kurz zuvor vor den Stern geschoben hat.

Da die Kepler-Mission nur auf drei Jahre ausgelegt war, ging nach dreieinhalb Jahren ein Teil des Satelliten, der die Blickrichtung des Teleskops stabilisiert, kaputt. Deshalb kann der Satellit das ursprüngliche Kepler-Feld nicht weiter beobachten. Eine kreative Idee hat Kepler allerdings ein zweites Leben beschert. Der Satellit wurde auf ein anderes Himmelsgebiet ausgerichtet und sucht weiter nach Planeten, obwohl das Teleskop jetzt nur mehr maximal 80 Tage ununterbrochen beobachten kann.

Da die Forscher beim Design von Kepler nicht wussten, wie viele Planeten es gibt, musste der Satellit viele Sterne gleichzeitig im Visier behalten. Und davon durfte kein Stern bedeutend heller sein als die anderen, damit nicht einer alle anderen überstrahlt. Darum wurde für Kepler ursprünglich ein Teil des Himmels ausgesucht, an dem 150.000 ähnliche Sterne scheinbar nahe zusammen stehen. Wenn man eine Gruppe Menschen fotografieren will, dann muss man oft ein Stück zurücktreten, um auch alle am Rand noch mit aufs Bild zu bringen. Das heißt, je weiter man von der Gruppe weg steht, desto mehr Leute bekommt man vor die Linse. So funktioniert das auch für unseren Satelliten.

Die Kepler-Sterne befinden sich durchschnittlich in circa tausend Lichtjahren Entfernung von der Erde, damit ist es möglich, 150.000 Sterne gleichzeitig im Bild zu haben. Die Ergebnisse sind beeindruckend. Die Planeten, die so gefunden wurden, sind aber so weit weg, dass ihr eingefangene Licht so schwach ist, dass wir es nicht auf Lebenspuren untersuchen können.

Die neue NASA-Mission mit dem Namen TESS (Transiting Exoplanet Survey Satellite) wird zwei Jahre lang stückweise die hellsten und nahsten Sterne am ganzen Himmel nach anderen Erden absuchen. Um diese riesige Fläche abzudecken, kann der Satellit nicht drei Jahre lang nur einen kleinen Ausschnitt beobachten, sondern muss den Himmel komplett scannen. Deshalb wird TESS einen Großteil der Sterne nur jeweils vier Wochen lang beobachten. Um kühle, rote Sterne brauchen Planeten mit erdähnlichen Temperaturen nur ein paar Wochen, um ihren Stern zu umkreisen. Diese Planeten sind das Hauptziel von TESS: kleine Felsplaneten um rote Sonnen. Einen kleinen Teil des Himmels wird sie auch sechs Monate lang beobachten, dort könnte die Mission Exoplaneten mit erdähnlichen Temperaturen um heißere Sterne finden. Die Ergebnisse von Kepler zeigen, dass TESS vermutlich viele Planeten finden wird – auch wenn sie einige verpassen wird, weil sie die einzelnen Sterne nicht lange genug beobachtet. Dadurch, dass diese Sterne und ihre Planeten der Erde nahe sind, kann das Licht Hinweise auf Leben enthalten.

PLATO, eine größere ESA-Mission, ist danach geplant, um einen anderen Teil des Sternenhimmels erst wie Kepler für längere Zeit zu beobachten und dann wie TESS den gesamten Sternenhimmel abzusuchen. Beide Missionen werden die Planeten in nächster Nähe finden, die ihre Sterne verdunkeln. Dadurch werden diese zwei Missionen unseren sichtbaren Sternenhimmel um Hunderte neue Planeten bereichern.

Auch mit den bodengebundenen Teleskopen vermessen wir unsere kosmische Nachbarschaft weiter. Zusammen zeichnen wir dadurch die ersten Sternkarten anderer Welten. Mit der kleinen NASA-Mission TESS werden wir einen Blick auf die nächsten Welten erhaschen, die gerade noch hinter unserem Horizont versteckt sind. Und in ferner Zukunft sind das möglicherweise auch die ersten Ziele, zu denen wir Erkundungen starten können.

Weniger als zehn Prozent aller Planeten schieben sich zwischen uns und ihren Stern. Es ist eine Frage der Perspektive, da wir ja aus allen möglichen Richtungen auf andere Sterne schauen, zum Beispiel von oben. Im Vergleich zu der Anzahl aller existierenden Planeten finden wir mit dieser Methode also nur einen Bruchteil. Volltreffer gibt es nur, wenn die Geometrie gerade passt.

Aber allein diese circa zehn Prozent der Planeten, die wir gefunden haben, zählen schon Tausende neue Welten. So können wir auch hochrechnen, wie viele wir zufällig nicht sehen. Es ist atemberaubend, sich vorzustellen, dass es da draußen Milliarden von Exoplaneten gibt. Sozusagen andere Welten überall.

METHODE III: BILDAUFNAHMEN

Fotoalbum anderer Welten

Unser nächster Stern ist zwei kosmische Fußballfelder oder mehr als vier Lichtjahre von der Erde entfernt. Von dort aus könnten wir unsere Erde nicht mehr sehen, weil der kleine, blaue Punkt über diese riesigen Distanzen mehr und mehr verblasst.

Aber trotzdem haben wir schon die ersten Schnappschüsse von Exoplaneten. Sie sind um einiges größer als unsere Erde, darum können wir sie am Rand des technisch Möglichen schon erspähen. Alle Exoplaneten in unserem kosmischen Fotoalbum sind riesige Gasplaneten oder Eisgiganten. Unter den Bildern ist auch schon das erste Foto eines anderen Planetensystems, in dem vier Exoplaneten um ihren Stern kreisen. Aber wie können wir solche Bilder über kosmische Distanzen aufnehmen?

Glühwürmchen und Leuchttürme

Das Sternenlicht, das einen Planeten trifft, wird teilweise von ihm reflektiert. Der Rest des Lichts wärmt den Planeten. Je weiter weg der Himmelskörper von seiner Sonne kreist, desto kälter ist er. Außer in seiner Entstehungsphase, wenn der Planet gerade geformt wird. Zu dieser Zeit wird er durch ständige Einschläge und Zusammenstöße erhitzt. Wir kommen später noch dazu, wie die Temperatur eines Planeten bei der Suche hilfreich sein kann.

Es ist schwierig, auf einem astronomischen Foto einen Planeten ausfindig zu machen, denn er wird normalerweise von seinem Stern überstrahlt. Von uns aus gesehen liegt der Planet ja quasi direkt daneben. Der Stern ist außerdem riesig im Vergleich zum Planeten und strahlt um einiges heller. Darum geht der kleinere Himmelskörper völlig unter. Zum Vergleich: Die Sonne ist eine Milliarde Mal heller als die Erde im sichtbaren Licht. Wenn wir uns die Wärme- oder Infrarotstrahlung, also die Hitze, die ein Körper abstrahlt, von der Sonne und der Erde anschauen, dann werden die Unterschiede etwas kleiner, aber nicht viel. Die Sonne strahlt eine Million Mal mehr Wärme ab als die Erde. Als Vergleich können wir ein Glühwürmchen neben den größten Scheinwerfer auf einem Leuchtturm stellen. Und zwar direkt daneben. Um die viel kleinere Lichtquelle sichtbar werden zu lassen, müssen Astronomen den Stern – oder den Scheinwerfer in unserem Beispiel – abdecken, damit sie den lichtschwachen Exoplaneten daneben sehen können.

Sonnenbrillen für Teleskope

Im Labor werden schon verschiedene Techniken entwickelt, wie das Licht des Sterns so genau abgeschirmt werden kann, das nur mehr das Sternenlicht, das der Planet reflektiert, durchkommt. Dadurch wird der Planet klar sichtbar. Ungefähr so, als ob wir nachts mit unserer Hand die Scheinwerfer eines ankommenden Autos abdecken, um zu sehen, wer aussteigt. Solche Masken können wir auch für unsere Teleskope bauen. Sie decken den hellen Stern ab, sodass sein Licht nicht bis zu dem Detektor kommt. Wenn die Maske am Teleskop befestigt wird, nennen wir sie einen *Koronagraphen*. Mit dieser Methode haben wir schon die ersten Exoplaneten sichtbar gemacht.

Die Maske kann aber auch auf ihrem eigenen Satelliten vor dem Teleskop im Weltraum im Tandem fliegen. Dann nennen wir die Maske *star shade* oder *Sternschatten*. Beide Masken haben Vor- und Nachteile, die gerade noch genau erforscht werden. Um nur den Stern, aber nicht die Planeten abzudecken, muss die Maske haargenau angepasst werden. Wenn sie nicht perfekt geschliffene Ränder hat, überstrahlt das wenige, am Rand der Maske entweichende Sternenlicht den Planeten dennoch. Als alternative Technologie zu einer Maske können Astronomen auch zwei oder mehrere Teleskope verwenden und das Licht so zusammenführen, dass wir einen Punkt am Himmel abdecken können, genau an der Stelle, wo der Stern ist. Das wird wissenschaftlich *destruktive Interferenz* genannt. Die Methoden sind im Labor erfolgreich getestet. Jetzt kommt es nur noch darauf an, wann wir ein Teleskop bauen, das diese Methoden umsetzen kann und das Licht vieler kleiner Planeten einsammelt. Die ersten Gasplaneten und Eisgiganten haben wir aber schon fotografiert.

DAS PLANETENSYSTEM HR 8799

STERNBILD
PEGASUS

DER STERN HR 8799

Entfernung: 129 Lichtjahre
Alter: nur 30 Millionen Jahre
Größe: 34% größer als die Sonne
Helligkeit: 5-mal heller als die Sonne

b

1 UMRUNDUNG
=
460 JAHRE

1 UMRUNDUNG
=
190 JAHRE

c

ORBIT NEPTUN
ORBIT URANUS

HR 8799

1 UMRUNDUNG
=
45 JAHRE

e

d

1 UMRUNDUNG
=
100 JAHRE

b

HR 8799

c

e

d

FOTO KECK-TELESKOP
VOM STERN HR 8799 UND
SEINEN EXOPLANETEN b,c,d UND e.

EINMAL ALLE
AUFSTELLEN ZUM
GRÖSSENVERGLEICH!

JUPITER

e

ZZZ-GLAUBT
WOHL, ER IST
DER GRÖSSTE--!

d

c

JA VIELLEICHT
DA, WO
ER HERKOMMT--!

b

Photoshoot in Hawaii: ein Planetensystem in 130 Lichtjahren Entfernung

Der Stern HR 8799 hat eineinhalb Mal so viel Masse wie unsere Sonne und ist circa fünf Mal so hell. Er liegt in 130 Lichtjahren Entfernung zur Sonne und ist noch jung, nur 30 Millionen Jahre alt. Man kann ihn im Sternbild Pegasus sehen. Astronomen haben auf einem Foto mit Teleskopen in Hawaii – mit dem Acht-Meter-Teleskop Gemini North Observatory und dem Zehn-Meter-Teleskop Keck – vier Planeten um diesen Stern entdeckt. Die vier Planeten sind größer als Jupiter, der Gigant in unserem Sonnensystem, und circa sieben bis zehn Mal so schwer. Sie brauchen zwischen 45 und 460 Erdjahre, um ihren Stern zu umkreisen. So weit weg vom Stern gibt es kaum mehr Sonnenlicht, das sie reflektieren könnten. Darum sehen Astronomen sie nicht im sichtbaren Licht. Aber sie sehen die Hitze der Planeten im Infrarotlicht, weil sie so jung sind und sich gerade erst gebildet haben. Das heißt, die Zusammenstöße und Einschläge, die Planeten formen, zeigen noch ihre heißen Spuren auf den Planeten. Das funktioniert nur für sehr junge Objekte. Aber dadurch können wir diese Schnappschüsse am heißen Anfang eines Planetensystems jetzt schon in unser Planetenalbum einordnen.

Nicht drängeln bitte

Ein Foto eines Exoplaneten kann uns nicht genau sagen, wie groß oder schwer er ist, sondern nur, wie hell. Aber es gibt einen astronomischen Trick in Planetensystemen, die Masse trotzdem herauszubekommen, nur über die Aufnahme. Wenn Planeten einander nahe kommen, ziehen sie gravitativ aneinander. Je schwerer die Planeten sind, desto weiter entfernt fangen sie schon zu ziehen an. Kommen sich Planeten zu nahe, wirft sie das aus ihrer Bahn. Sie stoßen zusammen und werden in den Stern oder aus dem Planetensystem geschleudert. Indem Astronomen Bilder der Bewegung dieser vier Planeten in ihrem fremden Planetensystem anschauen, können sie abschätzen, wie schwer die Planeten sind. Oder genauer gesagt, wie schwer sie maximal sein können, bevor sie sich gegenseitig aus ihrer Bahn werfen.

Die Dynamik in Planetensystemen gibt Astronomen mehr Information über jeden einzelnen Exoplaneten. Schon die ersten paar Exemplare weisen eine beeindruckende Vielfalt auf. Die vier Planeten um HR 8799 sind alle riesig, alle ziemlich gleich groß und auch ähnlich schwer. Warum ist das dort so und in unserem Sonnensystem nicht? Und was machen wir, wenn es nur einen Exoplaneten auf dem Bild gibt, so wie um den Stern Fomalhaut?

Fomalhaut und sein Zombie-Planet

Der Stern Fomalhaut liegt 25 Lichtjahre von der Erde entfernt. Er bringt circa doppelt so viel Gewicht auf die Waage wie unsere Sonne, scheint 16-mal so hell und ist im Sternbild Piscis Austrinus am Nachthimmel zu sehen. Er muss vor circa 400 Millionen Jahren entstanden sein. Um den jungen Stern kreist noch eine Staubscheibe. In dieser Scheibe haben Forscher mit dem Weltraumteleskop Hubble einen hellen Punkt gefunden, der 2008 als Planet bekannt gegeben wurde.

Die Entdeckung war umstritten, da dieser hellere Fleck in der Staubscheibe auch eine Anhäufung von kleineren Kometen oder Staub hätte sein können, der nur kurzzeitig sichtbar ist. Dadurch wurde *Fomalhaut b* zu einem Zombie-Planeten, also sozusagen zu nichts Halbem und nichts Ganzem, bis neue Aufnahmen ihn wieder als Planet etablierten. Die Bewegung eines Planeten und eines Staubklumpen um seinen Stern sind nämlich unterschiedlich. Dadurch, dass Fomalhaut b der einzige Planet in diesem System ist, können Astronomen keine anderen Planeten verwenden, um seine Masse abzuschätzen. Aber der Planet liegt sehr nah an einer der Ringstrukturen der

PLANET um FOMALHAUT

(NAME BEDEUTET: MAUL DES WALS)

STERNBILD SÜDL. FISCH

DER STERN FOMALHAUT
Entfernung: 25 Lichtjahre
Alter: nur 100–300 Millionen Jahre
Größe: 84% größer als die Sonne
Helligkeit: 16,6-mal heller als die Sonne

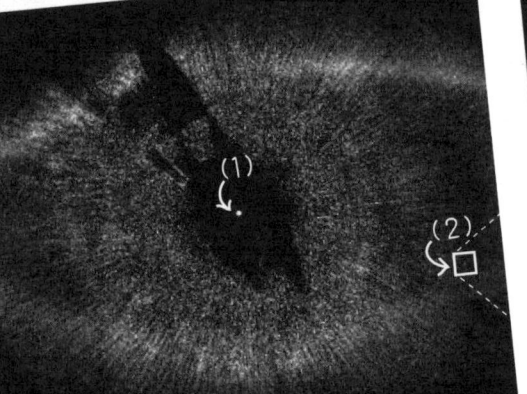

(1)

(2)

* 2008 *
FOTO HUBBLE-WELTRAUMTELESKOP
VOM STERN FOMALHAUT (1) MIT STAUBSCHEIBE
UND VON SEINEM EXOPLANETEN FOMALHAUT b (2)

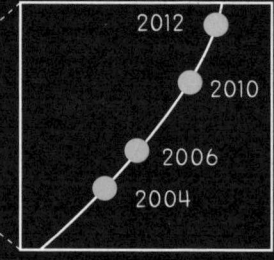

AUSSCHNITT ORBIT
EXOPLANET
FOMALHAUT b

2012
2010
2006
2004

EXZENTRISCHER ORBIT

GERINGSTER
ABSTAND
ZWISCHEN
STERN UND
EXOPLANET:
7,4 Milliarden Km

MAXIMALER
ABSTAND:
43 Milliarden km

EXOPLANET
FOMALHAUT b

1 UMRUNDUNG
=
CA. 1.700 JAHRE

Staubscheibe. Er müsste sie gravitativ verändern, wenn er schwer wäre. So kann man bestimmen, wie viel Masse Fomalhaut b maximal haben kann.

Spannend ist das Foto auf alle Fälle. Die Frage, ob es sich tatsächlich um einen Planeten handelt, der um Fomalhaut kreist, ist noch immer nicht ganz geklärt. Wir können nicht ausschließen, dass es sich nur um Bruchstücke handelt. Aus einem Foto allein lässt sich wenig über die genaue Natur eines Planeten herauslesen. Normalerweise sehen wir uns die Bewegung des Planeten über eine Umlaufbahn an. Das zeigt, ob er an den Stern gebunden ist. Fomalhaut b ist aber 177-mal so weit von seinem Stern weg wie die Erde von der Sonne. Eine große Überraschung war, dass es bei solchen Entfernungen noch Planeten geben kann. Zum Vergleich: In unserem Sonnensystem umkreist der äußerste Planet – Neptun – die Sonne 30-mal so weit entfernt wie die Erde von der Sonne. Dadurch, dass Fomalhaut weit außen in seinem Planetensystem liegt, wäre ein Jahr 1700 Erdjahre lang. Wenn wir uns eine Umkreisung des Sterns ansehen wollten, müssten wir noch sehr, sehr lange warten.

Fomalhaut ist nicht allein im All unterwegs, sondern wird von einem oder vielleicht sogar zwei Sternen begleitet. Er ist damit Teil eines Doppel- oder Dreifachsternsystems. Der Einfluss der beiden anderen Sterne könnte die außergewöhnliche Planetenbahn bewirkt haben. In tausend Jahren könnten wir sehen, ob Fomalhaut b wirklich auf einer so elliptischen Bahn seinen Stern umrundet.

Beta Pictoris – ein junger Stern mit schiefer Staubscheibe

Die Staubscheiben, die manch junge Sterne noch aufweisen, sind normalerweise symmetrisch. Das kann sich aber ändern, falls sich ein Planet bildet, der die Staubscheibe gravitativ stört. Dann legt sich die Staubscheibe sozusagen schief wie bei dem Stern Beta Pictoris. Beta Pictoris ist ein junger Stern, fast zweimal so schwer und neunmal so hell wie unsere Sonne. Er ist 63 Lichtjahre von uns weg, an die zehn Millionen Jahre alt und am Südsternenhimmel im Sternbild Pictor zu sehen. Die beste Erklärung, warum die Staubscheibe asymmetrisch ist, ist ein darin geformter Planet. Deshalb suchten Astronomen den Stern auf so einen Planeten hin ab. Und voilà! Der entdeckte Planet ist neunmal so weit von seinem Stern weg wie die Erde von der Sonne oder knapp weniger weit draußen als Jupiter in unserem Sonnensystem. Er ist eineinhalbmal so groß und zwischen vier- und elfmal so schwer wie Jupiter. Er besitzt also genug Anziehungskraft, um einen Teil der flachen Scheibe zu verkippen.

Die drei Beispiele zeigen, dass wir solche Bilder nur von ganz jungen Planeten aufnehmen können. Außerdem überstrahlt der Stern Planeten weit außen nicht mehr so stark. Dadurch können wir sie besser sehen. Auch gekippte Staubscheiben können uns auf unentdeckte Himmelskörper hinweisen. Aber bei einigen der Fotos ist es nicht so einfach zu sagen, ob Astronomen wirklich einen Planeten gefunden haben.

Ein heller Punkt: Brauner Zwerg oder Planet?

Auf vielen Aufnahmen zeigen sich helle Flecken, die junge, heiße Planeten sein könnten. Die Tatsache, dass sie meistens allein um den Stern kreisen, lässt diese Vermutung zu. Aber es gibt auch noch eine andere mögliche Erklärung: Nämlich, dass es sich bei diesen hellen Lichtpunkten um *Beinahe-Sterne* oder sogenannte *Braune Zwerge* handelt.

Braune Zwerge sind Objekte mit einer Masse, die nur etwas geringer ist als die eines Sterns. Sie sind zu massearm, um die Kernfusion in ihrem Inneren aufrechtzuerhalten. Es kann auf die Dauer nicht genug Druck und Temperatur im Inneren erzeugt werden. Für eine Weile beginnt die Fusion zwar, wird dann aber bald eingestellt. Aus diesem Grund bezeichnen wir sie nicht als Sterne. Aber sie sind auch keine Planeten, weil Planeten im Inneren nicht wie Sterne fusionieren. Wenn der Himmelskörper weniger als 13-mal so schwer wie Jupiter ist, wird er als Planet bezeichnet, darüber als Brauner Zwerg.

Braune Zwerge sind interessante Himmelskörper. Obwohl sie eine Art Niemandsland zwischen Sternen und Planeten darstellen, sehen die größten Exemplare über einen Teil ihrer Lebensdauer kühlen Sternen sehr ähnlich und die kleinsten unter ihnen großen Planeten. Der Unterschied liegt wahrscheinlich darin, wie schnell sie geformt werden und auf welche Weise. Braune Zwerge entstehen vermutlich wie Sterne im Gravitationskollaps der Gaswolke. Aber bei der Geburt von Braunen Zwergen konnten wir noch nicht zusehen, dafür denken wir uns gerade noch Tests aus, die den Unterschied zwischen Braunen Zwergen und Planeten zeigen können. Irgendwie ist es besser, einen Planeten zu entdecken als einen Beinahe-Stern. Darum war hier oft auch der Wunsch Teil der Entdeckungsgeschichte. Aber Braune Zwerge sind trotzdem spannend, weil auch sie von kleinen Planeten umkreist werden können. Noch haben wir keine im richtigen Abstand zu den Braunen Zwergen gefunden, aber wir suchen weiter nach Planeten in Toplage.

Eine weitere ausgeklügelte Suchmethode findet unsichtbare Planeten um unsichtbare Sterne.

METHODE IV: MICROLENSING

Alles ist relativ

Wir wissen ja bereits, dass Schwarze Löcher Licht einfangen können. Um zu verstehen, wie unsere nächste Methode zur Planetenfindung abläuft, verdeutlichen wir uns nochmal, wie sie das tun. Wenn Licht durch den Weltraum fliegt, breitet es sich im Raum aus. Schwere Massen krümmen den Raum, wie die Relativitätstheorie von Albert Einstein beschreibt. Das kann man sich so vorstellen: Wenn der

WIE MASSE DEN WEG DES LICHTS VERBIEGT

TATSÄCHLICHE POSITION
DES STERNS

Durch die schwere
Masse in der Bahn
des Lichts wird der
Weg des Lichtstrahls
verändert. Das Licht
kann durch seine
Geschwindigkeit einen
Bogen machen.

JE SCHWERER DIE MASSE IST, DESTO MEHR KRÜMMT SIE DEN RAUM

SONNE

WEISSER ZWERG

NEUTRONENSTERN

SCHWARZES LOCH

Raum ein gespanntes Tuch wäre, dann würde jede Masse eine Mulde in dem gespannten Tuch erzeugen. Die Mulde wird tiefer, je größer die Masse ist.

Je tiefer die Mulde in dem gespannten Tuch ist, desto schneller muss eine Murmel rollen, um nicht in ihr stecken zu bleiben, wenn sie ihr zu nahe kommt. Wenn die Mulde zu tief ist, reicht nicht einmal die Lichtgeschwindigkeit aus, um ihr zu entkommen. Dadurch wird sogar Licht in dem Anziehungsfeld gefangen und kann nicht entkommen. Diesen Platz sehen wird also tiefschwarz.

Planeten, die wir nicht sehen, umkreisen Sterne, die wir nicht sehen

Normale Sterne wie unsere Sonne krümmen einen Lichtstrahl auch, der ihnen zu nahe kommt. 1919, also bereits drei Jahre nach seiner Veröffentlichung, bestätigte dieser Effekt schließlich auch Einsteins Relativitätstheorie. Um dieses Phänomen zu beobachten, hatten Forscher die Ablenkung des Sternenlichts eines fernen Sterns durch unsere Sonne bei einer totalen Sonnenfinsternis gemessen. Dass eine Sonnenfinsternis stattfindet, ist insofern wichtig, weil sonst die Sonne die anderen Sterne am Himmel, die weiter weg sind, überstrahlt. Sie fanden die Bestätigung, dass Massen den Raum krümmen und dadurch Lichtstrahlen von ihrer geraden Bahn ablenken können. Das gilt für alle Sterne, nicht nur für unsere Sonne.

Wenn ein heller Stern von der Erde aus gesehen hinter unserer Sonne vorbeifliegt, dann lenkt unsere Sonne das Licht des Sterns von seinem geraden Weg ein wenig ab. Und genau diese Ablenkung berechnet Einsteins Relativitätstheorie. Befindet er sich – wieder von uns ausgesehen – genau hinter der Sonne, dann wirkt die Sonne kurzzeitig als Linse, die die Lichtstrahlen des Sterns auf die Erde stärker fokussiert. Dadurch erscheint uns der Stern für kurze Zeit etwas heller.

Statt unserer Sonne können wir besser einen anderen nahen Stern wählen und als Linse verwenden. Dieser Stern krümmt dann die Lichtstrahlen von einem hellen, weiter entfernten Stern. Der Trick dabei ist, dass wir *Linsen-Sterne* noch nicht einmal sehen müssen. Sie können selbst so lichtschwach sein, dass wir sie von der Erde aus nicht wahrnehmen. Was wir trotzdem sehen, ist, dass ihre Masse als Linse fungiert und das Licht des weiter entfernten Sterns bündelt. Dadurch wird er immer heller. An einem bestimmten Punkt (wenn er genau hinter dem Stern steht, den wir ja nicht sehen) beginnt er wieder dunkler zu werden. Erreicht er seine normale Helligkeit, werden seine Lichtstrahlen nicht mehr durch die Masse des Linsen-Sterns auf dem Weg zu uns gebündelt, und der Linsen-Stern steht also nicht mehr zwischen uns und dem hellen Hintergrundstern. Der Linsen-Stern ist von uns aus gesehen so klein, und der Hintergrundstern so weit weg, dass sie sich am Himmel nicht gegenseitig abdecken, wie man sich das sonst bei zwei Objekten vorstellt. Der Witz für uns Planetensucher besteht darin, dass der Stern noch einmal dazwischen ein klein wenig heller wird, wenn der kreuzende Linsen-Stern von einem Planeten umrundet wird, weil der Exoplanet als zweite kleine Linse fungiert.

Wir erspähen so ungesehene Planeten sogar um ungesehene Sterne.

Microlensing, wie diese Methode genannt wird, ist eine statistische Methode. Im Gegensatz zu anderen Methoden erfahren wir damit nicht die Einzelheiten über jeden Planeten, sondern bekommen einen Überblick über all die gefundenen Signale. Diese Suchmethode ist vor allem sinnvoll für Planeten im äußeren Teil von Planetensystemen, die circa zweimal so weit von ihrem Stern entfernt sind wie die Erde von der Sonne. Die Helligkeitsänderung verrät uns etwas über die Masse des Linsen-Planeten im Verhältnis zur Masse seines Linsen-Sterns. Wissen wir nicht, wie schwer der Linsen-Stern ist, dann können wir auch das Gewicht seines Planeten nicht genau bestimmen.

Eine Schwierigkeit beim Microlensing ist, dass Astronomen den durchfliegenden Linsen-Stern nur einmal kurz indirekt im Licht des

WIE UNSICHTBARE PLANETEN DAS LICHT ENTFERNTER STERNE BÜNDELN

„LENSING" BEI STERN OHNE PLANET

WIE HELL UNS DER ENTFERNTE STERN ERSCHEINT

LINSEN-STERN

LINSEN-STERN

BEWEGUNGS-RICHTUNG

Bündelung des Lichts des entfernten Sterns

ERDE

HELLIGKEIT

ZEIT

Die Gravitation des Linsen-Sterns bündelt das Licht des dahinter liegenden Sterns.

„LENSING" BEI STERN MIT PLANET

WIE HELL UNS DER ENTFERNTE STERN ERSCHEINT

LINSEN-STERN MIT EXOPLANET

LINSEN-STERN MIT EXOPLANET

BEWEGUNGS-RICHTUNG

Bündelung des Lichts des entfernten Sterns

ERDE

HELLIGKEIT

ZEIT

Die Gravitation des Linsen-Sterns und seines Planeten wirkt wie zwei Linsen. Das Licht des entfernten Sterns wird durch den Planeten noch einmal verstärkt.

Hintergrundsterns finden. Den Stern selbst, der uns als Linse dient, können wir meistens nicht sehen und dadurch auch nicht mehr über ihn erfahren. Eine Handvoll Beobachtungen könnten auch von so leichten Linsen stammen, dass die Linse ein leichter Himmelskörper, also ein Planet – allein ohne einen zugehörigen Stern – sein müsste. Diese Suchmethode machte Schlagzeilen mit der Hypothese, dass es überall im Universum *einsame Planeten* gebe.

Da wir die vorbeifliegenden Himmelskörper nicht sehen, können wir das nicht ausschließen. Aber die Schlussfolgerung, dass solche Objekte *frei fliegende Planeten* oder sogenannte *Steppenwolf-Planeten* sind, und weiter, dass es mehr *einsame Planeten* ohne Sterne gibt als Planeten, die ihre Sterne umkreisen, wäre überstürzt. Statistiken mit wenigen Objekten sind immer schwierig zu interpretieren. Man muss weitere Ergebnisse abwarten. Vielleicht gibt es wirklich viele einsame Planeten im All, die bei der Entstehung ihrer Sonnensysteme durch Kollisionen hinausgeworfen worden sind und keinen Stern mehr umkreisen. Ohne Sonneneinstrahlung würden sie sehr schnell auskühlen, auch wenn sie davor mögliche Erden gewesen wären. Und ohne Wärme und ohne Licht hätten sie kaum etwas mit unserem Planeten gemeinsam.

Microlensing ist also eine statistisch interessante Suchmethode, doch zur Erforschung einzelner Welten ist Microlensing nicht geeignet und damit auch nicht, Spuren von Leben zu finden.

Solche Spuren finden wir am ehesten in der Habitablen Zone. Aber Toplage ist nicht alles, wie wir gleich sehen werden.

DER ANBLICK
DER ERDE
IST
SPEKTAKULÄR.

SALLY HEAP
-ASTRONAUTIN-

5.

Kapitel

TOPLAGE IST NICHT ALLES

ODER:

DIE HABITABLE ZONE

Die beste andere Erde

Wenn man den Zeitungen Glauben schenkt, finden Astronomen ständig bessere, *andere Erden*. Damit ist ein *möglicherweise* lebensfreundlicher Planet gemeint, der um seinen Stern in einem ähnlichen Abstand wie die Erde um die Sonne kreist. Das ist durchaus aufregend. Aber können wir überhaupt schon sagen, welcher Planet eine Erde ist, geschweige denn eine *bessere*?

Was für Eigenschaften braucht ein Planet, um für Forscher richtig spannend zu werden? Erstens sollte er wie die Erde ein Felsplanet sein. Das klingt einfach, ist aber ziemlich schwierig zu messen, da Exoplaneten Lichtjahre weit von uns weg sind.

Wenn es uns gelingt Größe und Gewicht eines Planeten zu bestimmen, können wir seine Dichte berechnen und so sehen, ob er ein Felsplanet ist – so wie bei dem Beispiel der kosmischen Badewanne, in der Saturn schwimmt, aber die Erde sinkt. Aber meistens geht das nicht, weil der Planet entweder seinen Stern nicht verdunkelt oder so weit weg ist, dass wir das leichte Wackeln des Sterns nicht beobachten können.

Wenn wir seine Größe und sein Gewicht nicht gemeinsam messen können und dadurch nicht wissen, ob er ein Fels ist, dann kann man seine »Felsigkeit« trotzdem abschätzen. Wenn er klein genug ist, das heißt, eine Größe von zwei Erden nicht überschreitet, dann ist er spannend. Keiner der entdeckten Planeten außerhalb unseres Sonnensystems ist so klein und *kein* Felsbrocken. Der Planet Kepler-11b ist der leichteste dieser kleinen Planeten und der einzige, der fast ein Mini-Neptun sein könnte. Das heißt, die ganz sichere Grenze könnte auch knapp darunter bei 1,6 Erdradien liegen. Manche Felsbrocken sind größer, aber bei größeren kann es sich auch um einen Gasplaneten handeln. Denn um bei größeren Planeten zu unterscheiden, ob es sich um einen Fels- oder Gasplaneten handelt, müssten wir Größe und Gewicht messen können. Das gelingt aber mit heutigen Teleskopen meist nicht so genau.

Wenn wir die Größe des Planeten *nicht* messen können, dann galt lange Zeit die Faustregel, dass Himmelskörper, die leichter als zehn Erdmassen sind, auch aus Fels sein müssen. Aber einige der entdeckten Planeten haben das schon widerlegt. So schnell kann das gehen, neue Entdeckungen werfen erste Ideen um, aber dadurch lernen wir mehr. Einige der Planeten, die schwerer sind als die Erde, sind kleine Gasplaneten, sogenannte Mini-Neptune. Allerdings sind bisher alle entdeckten Himmelskörper aus Felsen, die leichter als zwei Erdmassen sind. Das neue Idealgewicht für Felsplaneten lautet deshalb: maximal zweimal so schwer wie die Erde.

Wenn der Planet klein und leicht genug ist, ist die nächste Frage: Kreist er im richtigen Abstand – der *Habitalen Zone* – um seinen Stern? Nicht, weil er nur dann Leben beherbergen könnte, sondern weil wir ihn wahrscheinlich nur dann finden können, ohne hinzufliegen. Aber dazu gleich.

Einmal Wasser, bitte!

Leben, wie wir es kennen, braucht Wasser. Es wird noch diskutiert, ob irdisches Leben in den Tiefen des Meeres entstanden ist oder in seichten Küstengebieten, wo sich die chemischen Grundstoffe, aus denen sich Lebewesen entwickelten, durch Verdampfung von Wasser konzentrieren konnten. Dass es auf Planeten in der Habitablen Zone Wasser gibt, ist nicht notwendigerweise so. Mit Computermodellen können wir die Entstehung von Planeten berechnen. Diese Modelle sind kompliziert, weil sie Millionen von kleinen Planetenbausteinen im Auge behalten müssen. Wie viel Wasser es auf einem Planeten gibt, ist besonders schwierig zu berechnen. Wenn wir nur eine Eigenschaft des Modells verändern, wird entweder ein Wüstenplanet oder eine Wasserwelt erzeugt. Ob auf anderen Exoplaneten tatsächlich Wasser existiert, wird sich erst mit den nächsten Generationen großer Teleskope klären lassen, die solche Spuren in der Luft der Planeten erspähen.

Die Frage nach Leben auf anderen Planeten ist nicht nur deshalb spannend, weil wir gerne wüssten, ob es außer uns noch Leben im Weltall gibt und wo es ist. Sie hilft uns auch, Leben an sich besser zu verstehen. Gibt es nur auf heißen Planeten Leben? Oder nur auf kühlen? Nur auf kleinen oder nur auf großen? Diese Suche nach Lebensspuren auf anderen Planeten läuft parallel zur Forschung im Labor, die fragt, wie – also unter welchen Bedingungen – Leben entstehen kann. Dort versuchen Wissenschaftler herauszufinden, welcher Cocktail an Chemikalien und Umgebungsbedingungen nötig war, damit Leben hier auf der Erde entstehen konnte.

Wo wir Spuren von Leben aufspüren können

Aber um das herausfinden zu können, müssen wir Planeten mit Leben erst einmal finden. Wo lohnt es sich zu suchen? Es gibt Monde in unserem Sonnensystem, die mit einem Eispanzer überzogen sind, unter dem Ozeane erkennbar sind. Diese Ozeane könnten Leben beherbergen. Der Saturn-Mond *Enceladus* und der Jupiter-Mond *Europa* sind zwei solch faszinierende Welten. Aber diese Monde sind so leicht, dass ihre Anziehung nicht reicht, um eine Lufthülle – und damit Gasspuren von Leben – anzusammeln. Für unser Sonnensystem planen wir Satelliten, die zu diesen Monden fliegen werden, um dort vor Ort nach Leben zu suchen. Das ist für Exoplaneten, die Lichtjahre weit weg sind, noch unmöglich. Solange Satelliten dort nicht hinfliegen können, bleibt Leben, das keine Spuren im Planetenlicht hinterlässt, verborgen.

Im Prinzip könnte auch Leben unter zugefrorenen Ozeanen Spuren in der Luft eines Planeten hinterlassen. Denn wie stark die Eisschicht einen solchen Gasaustausch verhindert, ist ungeklärt. Es wird vermutlich um einiges einfacher sein, solche biologischen Gase nachzuweisen, wenn der Planet oder Mond nicht komplett zugefroren ist, weil Gase vom Wasser in die Luft viel leichter entweichen als durch einen Eispanzer. Um außerhalb unseres Sonnensystems nach Spuren von Leben zu suchen, konzentrieren sich Astronomen deshalb auf Planeten, die warm genug sind, damit auf ihrer Oberfläche Wasser flüssig sein kann. Deshalb wird die *Flüssiges-Wasser-Zone* als die *Habitable Zone* definiert. Leben kann es auch außerhalb dieser Zone geben. Nur wird es – wie oben angedeutet – wahrscheinlich sehr schwer zu finden sein.

Eigentlich müsste die Habitable Zone *Der Abstand um den Stern, wo wir Lebensspuren nachweisen können, ohne dass wir hinfliegen* heißen. Aber *Habitable Zone* ist kürzer. Durch das eingesammelte Licht können wir Spuren von Leben finden, entweder in der Luft des Planeten oder auf seiner Oberfläche. Solche Spuren sind im Planetenlicht encodiert. Das heißt, sie können mit Teleskopen eingesammelt werden, und wir können sie dadurch aufspüren.

Sterne und Lagerfeuer

Die *Habitable Zone* ist mit einem Lagerfeuer vergleichbar. Der Bereich um ein Lagerfeuer, in dem es sich angenehm warm anfühlt, ist bloß ein paar Schritte breit. Näher am Lagerfeuer ist es zu heiß, weiter weg zu kalt. Dort, wo es gut auszuhalten ist, liegt die Habitable Zone oder eben wissenschaftlicher ausgedrückt: dort, wo flüssiges Wasser auf der Oberfläche eines Felsplaneten möglich ist.

Weit weg vom Stern, an der äußeren Grenze der Habitablen Zone wird es richtig kalt, weil weniger Licht am Planeten ankommt. Wenn es so kalt wird, dass dort sogar das Treibhausgas Kohlendioxid (CO_2) ausfriert, dann verlassen wir die Habitale Zone. Sämtliche Ozeane wären schon längst vereist.

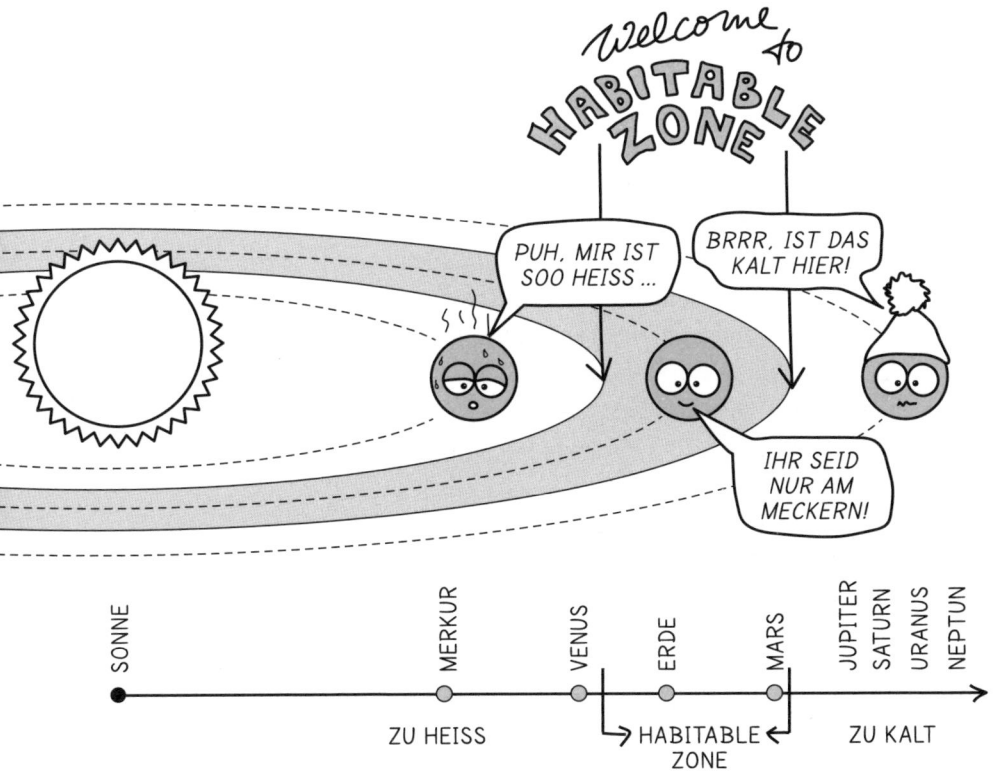

An der inneren Grenze ist es so heiß, dass der Planet all sein Wasser verliert. Je näher ein Planet um seinen Stern kreist, desto höher ist die Sonneneinstrahlung und umso heißer wird es. Wenn ein Felsplanet Ozeane besitzt wie die Erde, wird er auch immer schwüler. Noch näher am Stern wird es noch heißer, und es verdampfen alle Ozeane. Das wäre für irdisches Leben ein Problem, weil es kein flüssiges Wasser mehr gäbe. Außerdem gibt es kein bekanntes Lebewesen auf der Erde, das bei über 126 Grad Celsius gedeiht. Dazu kommt, dass der Planet nicht nur all sein Wasser verdampft, sondern bei so hohen Temperaturen auch ins All verliert. Wenn man die Temperaturen weiter und weiter ankurbelt, also den Planeten näher und näher an den Stern schiebt, dann steigt der Wasserdampf bis ganz nach oben in die Atmosphäre, wo die Luft immer dünner wird. Dort erreicht energiereiches Sternenlicht alle Moleküle und zerstört sie. Wasser besteht aus zwei Wasserstoff- und einem Sauerstoff-Atom. Wasserstoff-Atome sind sehr leicht und entwischen der Anziehungskraft des Planeten, wenn sie oben an der Lufthülle angelangt sind. Ein heißer Felsplanet verliert so sein gesamtes Wasser und genau hier liegt die innere Grenze der Habitablen Zone.

Diese Grenzen sind für einen Felsplaneten berechnet, der eine ähnliche Luft wie unsere Erde hat. Wenn der Planet ganz anders beschaffen wäre – also zum Beispiel mit ganz anderen Treibhausgasen in der Luft –, wäre dessen Habitable Zone woanders. Welches Leben es auf solch einem ganz anderen Planeten geben könnte und wie dessen Spuren aussähen, ist ungeklärt. Darum konzentrieren sich Astronomen vorerst notwendigerweise auf Leben, dessen Spuren wir kennen und deshalb auch finden können.

Toplage für Klein und Groß

Denkt man diese Überlegungen weiter, wird es für die Forscher nochmals schwieriger, alle erdähnlichen Planeten zu finden. Die Toplage

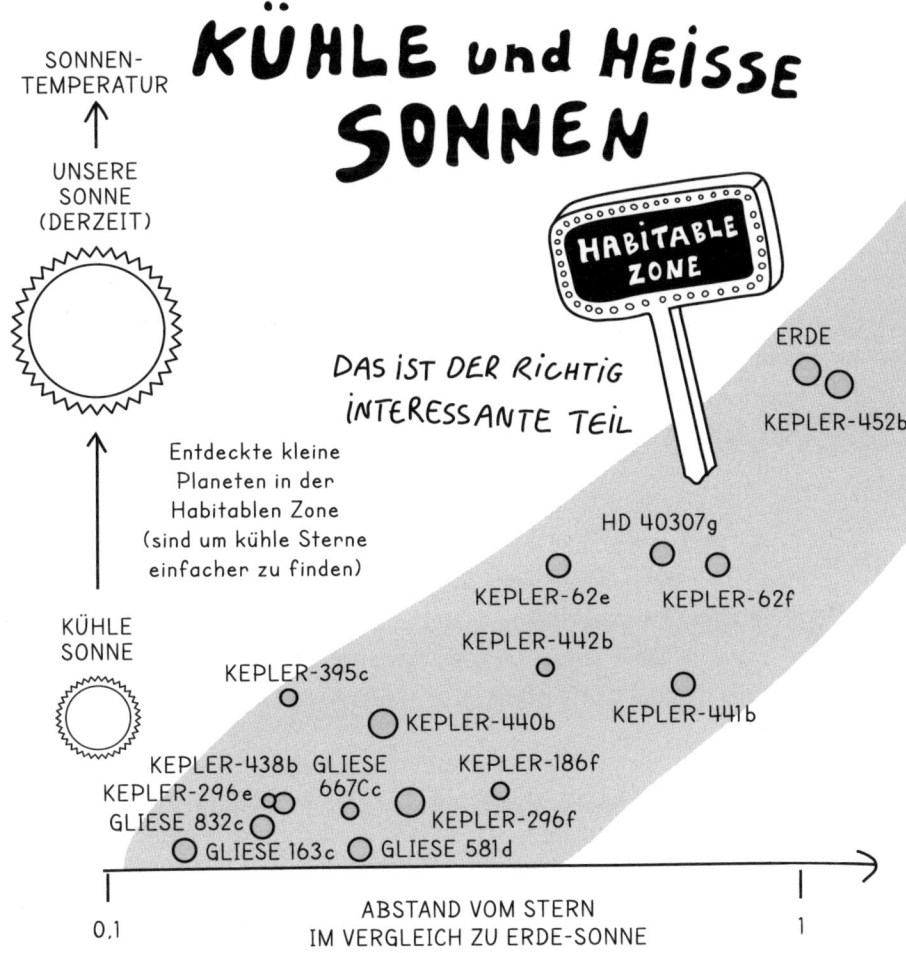

KÜHLE und HEISSE SONNEN

SONNEN-TEMPERATUR

UNSERE SONNE (DERZEIT)

HABITABLE ZONE

ERDE

DAS IST DER RICHTIG INTERESSANTE TEIL

KEPLER-452b

Entdeckte kleine Planeten in der Habitablen Zone (sind um kühle Sterne einfacher zu finden)

HD 40307g

KEPLER-62e

KEPLER-62f

KÜHLE SONNE

KEPLER-442b

KEPLER-395c

KEPLER-440b

KEPLER-441b

KEPLER-438b

GLIESE 667Cc

KEPLER-186f

KEPLER-296e

GLIESE 832c

KEPLER-296f

GLIESE 163c

GLIESE 581d

ABSTAND VOM STERN IM VERGLEICH ZU ERDE-SONNE

0,1

1

um einen heißen, großen Stern – wie um unser Lagerfeuer – ist weiter draußen und damit dauert es für so einen Planeten länger, seinen Stern zu umrunden. Er bewegt sich also sehr langsam. Daher brauchen Astronomen mehr Zeit, um warme Planeten um heiße Sterne zu finden.

Kleine Sonnen hingegen sind kühler. Ein Planet muss näher um seine Sonne kreisen, damit er es warm hat. Weil seine Umlaufbahn um so eine Sonne enger ist, schafft er eine Runde viel schneller, was Astronomen wiederum hilft, ihn schneller zu finden. Er verdunkelt seine Sonne öfters und die Ausgleichsbewegung seines Sterns ist schneller aufzuspüren. Der Stern wackelt also häufiger. Darum kreisen die ersten entdeckten Felsplaneten in der Habitablen Zone um kleine Sterne.

Die ersten Beobachtungen zeigen auch, dass es generell nahe um kleine Sterne mehr erdgroße Planeten gibt als um große Sterne. Außerdem gibt es mehr kleine Sterne im Universum als große. Deshalb sind kleine Sonnen die vielversprechendsten Ziele weiterer Beobachtungen. Nur sind sie auch sehr lichtschwach und schwierig zu beobachten, je weiter sie weg sind. Aber es gibt viele kühle Sonnen, das gleicht diesen Nachteil wieder aus, weil es dadurch auch viele dieser Sterne mit möglichen Planeten in der Nähe der Sonne gibt. Sie sind für mich die spannendsten Sterne, weil man sie jetzt schon nach *anderen Erden* absuchen kann. Und besonders, weil solche möglichen anderen Erden ganz in unserer Nähe liegen würden. Was sie für weitere Beobachtungen und als mögliche ferne Reiseziele interessant macht.

Warum ist unsere Erde schon seit Milliarden Jahren bewohnbar?

Wenn ein Stern sich nicht ändern würde, wäre damit alles erledigt und die Habitable Zone eines Planetensystems genau bestimmt. Aber das, was mal eine Toplage in der Habitablen Zone war, wird mit der Zeit keine mehr. Denn jeder Stern wird heller, je älter er wird. Ein Planet muss diese Hitzezufuhr regulieren, um über Milliarden Jahre angenehme Temperaturen auf der Oberfläche zu haben. Dazu muss er aktiv bleiben. Geologisch aktiv. Wir merken diese geologische Aktivität durchaus ganz akut, unter anderem bei Erdbeben und Vulkanausbrüchen.

Zurück am Lagerfeuer heißt das: Wenn wir uns vom Feuer wegbewegen, können wir einfach einen Pullover anziehen, dann ist es auch noch warm genug. Wenn wir dann zum Feuer zurückkommen, ziehen wir ihn wieder aus. Ähnlich kann auch ein Planet kleinere und größere Sonneneinstrahlung dadurch ausgleichen, dass er die Treibhausgase in der Atmosphäre reguliert. Das geschieht über einen Zeitraum von Tausenden von Jahren auf der Erde und nennt sich *Kohlenstoffkreislauf*. Dieser geologische Zyklus funktioniert über Feedback. Wenn die Temperatur des Planeten steigt, reduziert sich die Menge des Treibhausgases Kohlendioxid (CO_2) in der Luft. Wenn es sehr kalt wird, steigt die Menge an CO_2 an.

Vulkane speien CO_2 in die Luft. Wenn es auf der Erde sehr heiß wird, dann wird das Kohlendioxid effektiver durch Regen aus der Luft herausgewaschen. Es wird über geochemische Prozesse verwittert und gelangt dann in den Ozean. Dort taucht es durch die Plattentektonik tief in den Erdmantel ab. Wenn es kalt ist, wird das CO_2 nicht so effektiv ausgeregnet. Am Boden wird es weniger gebunden, weil eine Eis- oder Schneedecke eine Trennschicht zwischen dem Kohlendioxid und dem Gestein herstellt. Dadurch bleibt mehr CO_2 in der Luft. Und CO_2 ist ein Treibhausgas, das wiederum den Planeten wärmt.

Nur so ist es überhaupt möglich, dass es über Milliarden von Jahre hinweg flüssiges Wasser auf der Oberfläche eines Felsplaneten geben kann. Der Kohlenstoffkreislauf verschafft unserer Erde Zeit. Ohne diese Eigenschaft der Erde, mit der sie seit Tausenden von Jahren den CO_2-Gehalt in unserer Luft regelt, wäre unser junger Planet Milliarden Jahre lang gefroren gewesen. Denn die junge Sonne war weniger hell. Auch auf anderen lebensfreundlichen Planeten wird ein solcher geologischer Zyklus nötig, weil sie sonst schnell vom Status *zugefroren* zu *ausgetrocknet* wechseln würden.

Beim Klimawandel hilft uns der Zyklus leider nicht viel, weil er nur über eine Zeitspanne von Tausenden Jahren funktioniert und die natürliche Kontrolle nicht so akkurat ist, wie wir Menschen sie bräuchten. Wir benötigen ein ganz bestimmtes Klima, damit unser Wetter mild genug ist, dass wir über weite Bereiche der Erde leben können. Und ein noch milderes Klima, damit wir genug Nahrung produzieren können. Die ganze Wahrheit ist also: Der geologische Zyklus ermöglicht zwar *Leben* auf der Erde, aber nicht speziell uns. Den Klimawandel müssen wir selbst mitigieren, oder es gibt uns dann eben in der Zukunft nur mehr als Fußnote in den Geschichtsbüchern als ausgestorbene Art. So wie die Dinosaurier.

Toplage für Jung und Alt

Doch auch, wenn der Planet einiges selbst reguliert und wir Menschen hoffentlich den Klimawandel doch noch stoppen – was wir nicht aufhalten werden, ist, dass unsere Sonne immer heller wird. Dadurch verschiebt sich wie bei einem Lagerfeuer, bei dem man immer mehr Holz nachlegt, der Bereich, wo es gemütlich warm ist, immer weiter nach außen. Deshalb verändert sich auch die Habitable Zone mit dem Alter des Sterns. Das heißt, jeder Planet befindet sich nur eine gewisse Zeit lang in dieser Habitablen Zone.

Für Planeten um heiße Sterne ist die Zeit, in der sie sich in Toplage befinden, kurz. Sterne, die mehr als 40-mal so viel wiegen wie die Sonne, leben nur etwas mehr als eine Million Jahre. Mehr Zeit bleibt dann auch einem Planeten in der Habitablen Zone nicht. Man kann zwar nicht ausschließen, dass das genug Zeit ist, um Leben zu entwickeln, aber es wäre schon extrem knapp. Besonders, um noch Raumschiffe zu entwickeln und dem Schicksal des immer heißeren Planeten zu entkommen. Sogar ein Stern mit nur der doppelten Masse unserer Sonne lebt nur mehr an die drei Milliarden Jahre. Das heißt, bei der gleichen evolutionären Entwicklung wie auf unserer Erde – sie liegt bei 4,6 Milliarden Jahren Lebenszeit – hätte sich die Sonne dort zu einem Roten Riesen aufgebläht. Und das lange bevor die ersten Dinosaurier über die Erde schritten.

Kühle Sterne leben länger, weil der Druck und die Temperatur in ihrem Inneren kleiner ist. Dadurch läuft die Kernfusion dort langsamer ab. Unsere Sonne wird circa zwölf Milliarden Jahre lang strahlen. Uns bleibt also noch ein Weilchen. Kleinere Sterne als die Sonne halten

WENN SONNEN ÄLTER WERDEN...

(ÄLTER = GRÖSSER = HELLER)

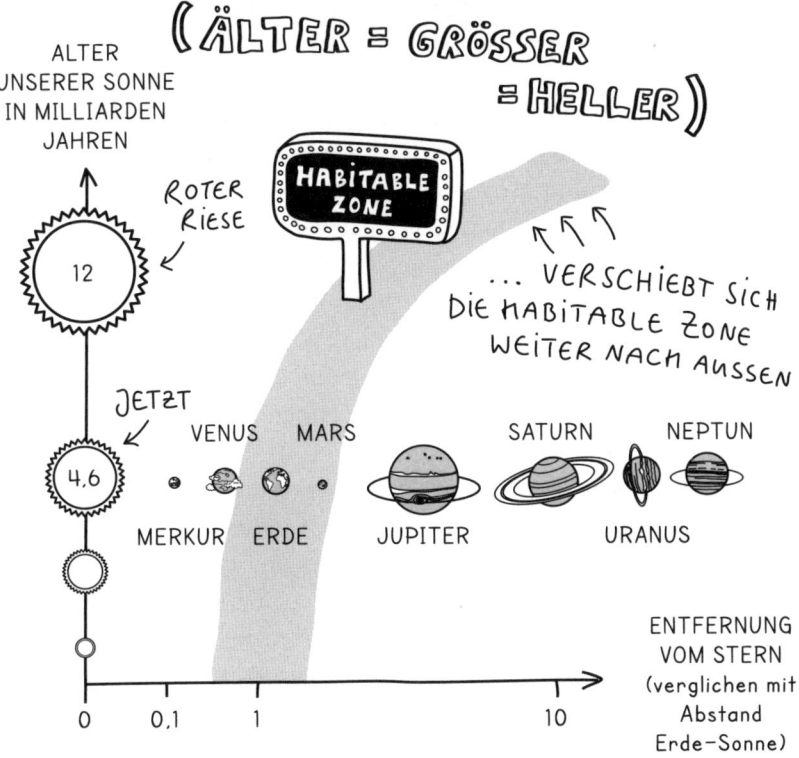

ALTER UNSERER SONNE IN MILLIARDEN JAHREN

ROTER RIESE

HABITABLE ZONE

... VERSCHIEBT SICH DIE HABITABLE ZONE WEITER NACH AUSSEN

JETZT

12

4,6

VENUS   MARS   SATURN   NEPTUN

MERKUR   ERDE   JUPITER   URANUS

ENTFERNUNG VOM STERN (verglichen mit Abstand Erde–Sonne)

0   0,1   1   10

noch länger durch. Sterne, die nur die halbe Sonnemasse wiegen, leben fast fünfmal so lange wie unsere Sonne und haben viel mehr Zeit, Leben zu entwickeln. Aber vielleicht kann Leben sich sogar schon um Sterne entwickeln, die die Kernfusion noch nicht gezündet haben?

Unsere Sonne verbrachte circa 500 Millionen Jahre als Protostern, nachdem die Gaswolke schon zusammengefallen war. Aber die Kernfusion hatte noch nicht begonnen. Trotzdem begann unsere Sonne zu leuchten, weil durch den Kollaps viel Energie freigesetzt wurde. Die Anfangszeit der Sonne ist so kurz, dass Astronomen sich diese Phase der Sternentwicklung im Hinblick auf die Suche nach lebensfreundlichen Planeten lange nicht genauer angesehen haben. Aber hier haben kleine Sonnen eine weitere überraschende Eigenschaft: Die Zeit, die sie in der Protosternphase verbringen, ist bis zu 2,5 Milliarden Jahre lang. Viel länger, als Leben brauchte, sich auf unserer Erde zu bilden. Deshalb sind auch diese kleinen Protosterne interessant für die Suche nach Planeten. Es könnte sogar auf Planeten, die solch junge Sterne umkreisen, schon Leben geben. Solche Planeten haben wir noch nicht entdeckt. Ob es die und dort auch Leben geben kann, werden künftige Beobachtungen zeigen.

Die ältesten Exoplaneten, die Astronomen entdeckt haben, sind an die elf Milliarden Jahre alt. Sie kreisen um einen kühlen Stern namens *Kepler-444*, der nur drei Viertel der Sonnenmasse besitzt und an die 20 Milliarden Jahre leben wird.

Das heißt, als unsere Erde sich formte, waren diese Planeten schon älter als die Erde jetzt ist. Auch wenn die entdeckten Planeten um *Kepler-444* zu heiß für Leben sind, wissen wir jetzt, dass es solch alte Planeten überhaupt gibt. Solche alten Exoplaneten um kühle Sterne hätten schon viel mehr Zeit in *Toplage* verbracht. Es ist spannend, sich auszudenken, welche Entwicklungen Lebewesen auf solchen Planeten weiter durchlaufen könnten. Mit der Entdeckung solcher greisen Exoplaneten wird dieses Thema von einer philosophischen Spielerei zu einer praktischen Frage, und zwar nach den beobachtbaren Spuren eines solchen Lebens.

Unsere Zukunft

Das alles heißt aber leider auch, unserer Erde ist Toplage nicht für immer garantiert. Unsere Sonne wird noch mehr als vier Milliarden Jahre Wasserstoffe verschmelzen. Wenn der Wasserstoff im Kern aufgebraucht ist, beginnt die Fusion des Wasserstoffs in der Schale um den Kern. Dann wird sie zu einem *Roten Riesen* mit Temperatur im Inneren von 100 Millionen Grad, wenn Helium-Atome zu Kohlenstoff-

und Sauerstoff-Atomen verschmelzen und sie auf ein Hundertfaches ihrer jetzigen Größe anwächst. Und dann wir sie uns sehr, sehr nah kommen. Momentan füllen 100 Sonnen nebeneinander den Abstand zwischen Sonne und Erde aus. Dann reicht nur eine.

Wenn sich die Sonne in ein paar Milliarden Jahren aufblähen wird, wird es auf unserer Erde zu heiß werden. Am Mars wird es kurzzeitig warm und dann zu heiß sein. Es folgen Jupiter und Saturn, zusammen mit ihren Monden. Die gefrorenen Monde werden dann zu warmen Wasserwelten, bevor alle Ozeane verdampft sind. Das geht alles so schnell, dass die Zeit nicht ausreichen wird, damit sich dort Leben entwickelt. Aber sollte es dort schon Leben geben, würde es kurzzeitig über Lichtjahre hinweg auffindbar.

Weil die Sonne als Roter Riese einen Teil ihrer Masse verliert, bewegen sich alle Planeten etwas weiter nach außen. Das geschieht, weil sie mit der gleichen Geschwindigkeit um die Sonne kreisen werden, jedoch die Anziehungskraft der Sonne durch den Masseverlust abnehmen wird. Die gute Nachricht: Die Sonne wird die Erde nicht verschlucken. Die schlechte Nachricht: Unser Himmel wird dann beinahe komplett von der roten Sonne ausgefüllt sein. Spätestens dann ist es viel zu heiß auf der Erde – und wir sollten den Sprung zu den Sternen geschafft haben.

Aber auch wenn wir einen Planeten in der Habitablen Zone finden, ist das noch nicht genug.

Toplage ist nicht alles

Denn der perfekte Abstand allein reicht noch nicht aus. Unser Mond bewegt sich in der Habitablen Zone, aber er hat nur ein Prozent der Erdmasse. Damit ist er zu leicht, um eine Atmosphäre durch seine Anziehungskraft halten zu können. Außerdem ist sein Inneres schnell ausgekühlt und erstarrt. Auch Mars liegt in der Habitablen Zone. Auf der Oberfläche des Mars findet man aber kein dauerhaft flüssiges

Wasser. Mars ist zwar schwerer als unser Mond, aber immer noch zu leicht. Er bringt nur an die zehn Prozent der Erdmasse auf die Waage. Dadurch ist auch der Mars schnell nach seiner Entstehung ausgekühlt. Sein Inneres erstarrte und damit auch der geologische Zyklus, der die Erde warm hält. Mars hat keine aktiven Vulkane, die Treibstoffgase nachliefern könnten und ihn damit aufwärmen würden. Zumal Mars ähnlich wie der Mond zu leicht ist, um durch seine Anziehungskraft eine wärmende, dicke Luftschicht zu halten. Mars besitzt also eine sehr dünne Atmosphäre. Der Druck auf der Marsoberfläche ist nur ein Hundertstel so stark wie der unserer Erde. Um auf dem Mars eine dicke Atmosphäre wie auf der Erde aufzubauen, müsste künstlich mehr Gas produziert werden, als Mars wegen mangelnder Anziehungskraft verliert. *Terraforming*, also den Mars wie die Erde bewohnbar zu machen, wäre ein Wettlauf gegen die entfliehende Luft.

Wenn wir als Gedankenexperiment den schwersten Planeten des Sonnensystems, Jupiter, in die Habitable Zone schieben, würde es trotzdem kein flüssiges Wasser auf seiner Oberfläche geben. Jupiter ist ein Gasplanet und besitzt dadurch keine typische, feste Oberfläche. Felsige Monde um solche Gasplaneten wären eine andere Geschichte. Solche Monde könnten Leben beherbergen wie auch der Jupiter-Mond *Europa*, der von einem Eispanzer bedeckt ist. Nach der Verschiebung in die Habitable Zone würde der schmelzen. Aber *Europa* ist zu klein, um eine Atmosphäre aufzubauen, die Spuren von Leben zeigen kann. Nur ein Himmelskörper ab circa 30 Prozent der Masse unserer Erde könnte eine warme Oberfläche und eine Luftschicht halten. Darum sind Gasplaneten in der Habitablen Zone nicht sonderlich aufregend, aber ihre möglichen großen Monde durchaus. Doch bisher haben sich solche Exomonde erfolgreich vor uns versteckt.

5.

Ein persönlicher Blick: Meilenstein auf der Suche nach *anderen Erden*

Die ersten Exoplaneten, die beide Kriterien erfüllten – klein genug und im richtigen Abstand von ihrem Stern –, wurden 2013 von der NASA-Weltraummission Kepler bekannt gegeben. Circa ein Jahr zuvor hatte mein Morgen ganz normal begonnen, als mich Bill Borucki, der Principle Investigator von Kepler, bei einem Kongress in Wien nach meiner Meinung zu zwei neuen Exoplaneten fragte. Die beiden umkreisten eine kleine, orangefarbene Sonne, an die 1200 Lichtjahre von uns entfernt, im Sternbild Leier. Wir standen im Kongresszentrum auf der Donauinsel, Plastikbecher mit mittelmäßigem Kaffee in der Hand. In diesem Augenblick zog sich die Zeit plötzlich in die Länge, während tausend Gedanken und erste Berechnungen durch meinen Kopf rasten. Die Weltraummission hatte mit *Kepler-62e* und *Kepler-62f* nicht nur *einen* solchen spannenden Planeten gefunden, sondern gleich *zwei*.

Normalerweise sitze ich ganz entspannt vor meinem Bildschirm, wenn meine Computerprogramme an Modell-Planeten, die es gibt oder die es geben könnte, rechnen, ob dort möglicherweise Bedingungen für Leben anzutreffen sind. Aber nach der Konferenz saß ich richtig gebannt an meinem Schreibtisch, während Nummern über den Bildschirm liefen. Es waren die ersten felsartigen Planeten im richtigen Abstand. Und nicht nur einer, sondern gleich zwei um den gleichen Stern.

Vorher waren die als neue Erden gefeierten Funde meist zu groß oder zu schwer, um sicher Felsplaneten zu sein. Aber dieses Mal, völlig unerwartet, weil keiner wusste, wie lange wir suchen mussten und was wir auf der Mission finden würden, gab es gleich zwei Planeten, die den ersten Test – die Größe – bestanden hatten. Und auf meinem Computer lief der zweite Test, ob sie im richtigen Abstand von ihrem Stern waren, um möglicherweise Leben zu beherbergen. Am liebsten hätte ich den Atem angehalten, aber das wäre nicht wirklich praktisch gewesen, denn die Berechnungen dauern einige Stunden und die Kontrollen noch länger.

Forschung – eine Entdeckungsreise

Das Gefühl, als Erste die Frage zu beantworten, ob diese entdeckten Planeten möglicherweise Bedingungen für Leben zulassen, ist unbeschreiblich. Diese zwei kleinen Planeten, deren Sonne man am Himmel mit bloßem Auge nicht einmal sieht, diese zwei Planeten fesseln mich bis heute. Ein Jahr lang durfte ich mit niemandem darüber reden, denn es hätte noch leicht passieren können, dass genauere Messungen sie als größer – und dadurch wieder nicht als Felsbrocken, sondern Gasplaneten – identifiziert hätten. Also hieß es rechnen, gegenrechnen, kritisch überprüfen, um dann noch einmal zu rechnen. Das zu finden, was man erwartet, ist viel zu einfach. Die Beobachtungen für sich sprechen zu lassen, ist viel schwerer, weil es uns abverlangt, dass wir unsere vorgefertigten Ideen an der Bürotür abgeben. Und wir müssen neugierig und jeden Tag ganz offen an die Frage *Wie funktioniert die Welt?* herangehen. Jeder würde natürlich gern eine zweite Erde finden, aber jeder gute Wissenschaftler wird seine Resultate erst selbst extrem kritisch prüfen und sie danach noch seinen Kollegen zur kritischen Prüfung übergeben, bevor er irgendetwas als einzigartiges Ergebnis präsentiert.

Über dieses extrem lange Jahr verteilt kam mit jeder E-Mail des Wissenschaftlerteams eine weitere Bestätigung, dass wir wirklich, geprüft in alle Richtungen, die wir uns ausdenken konnten, zwei mögliche andere Erden vor uns hatten. Am Tag der Pressekonferenz im Ames Research Center der NASA, die ich zusammen mit anderen Wissenschaftlern hielt, konnten wir das erste Mal der ganzen Welt erzählen, dass es diese beiden Planeten dort draußen gibt. Der Tag war nach einem langen Nachtflug aus Frankfurt ein wenig chaotisch. Ohne Frühstück und nach nur ein paar Stunden Schlaf saß ich bei der Generalprobe im leeren Saal. Die Stimmung unter den Kollegen war aufgekratzt. Irgendjemand besorgte mir netterweise eine Tasse Kaffee, sozusagen als Ersatzfrühstück, geborgt aus dem Büro eines Kollegen, der nichts mit unserer Arbeit zu tun hatte. Danach ging es los mit den

Fragen der Weltpresse, die diese Entdeckung quer über den Globus mit ihren Lesern teilte.

Seitdem gab es und gibt es immer wieder – so circa ein Mal im Jahr – eine *neue, bessere, andere Erde*. Und die neuen Planeten sind immer ein wenig kleiner als die letzten oder kreisen um eine Sonne, die gelblicher ist als jene bei der letzten Entdeckung. Welche davon *besser* ist, bleibt so lange unbeantwortet – bis wir ihre Licht-Fingerabdrücke einfangen können. Diese Vielfalt der neu entdeckten *möglichen* anderen Erden erlaubt uns einen faszinierenden Einblick in unseren Platz im Universum. Weshalb ich es kaum erwarten kann, bis die Technik so weit ist, dass wir mehr über diese Planeten erfahren können. Die ersten zwei Welten in der Habitalen Zone um Kepler-62 haben uns gezeigt: Mögliche Erden gibt es überall.

Diese Entdeckungen sind nur ein kleiner Vorgeschmack auf die Zeit, wenn wir das Licht solcher Planeten einfangen können. Wir leben in einer faszinierenden Zeit, in der wir die ersten Spuren anderen Lebens entdecken können. Die Berechnungen über meinen Computer laufen zu lassen und als eine der ersten Wissenschaftlerinnen überhaupt die Spuren von Leben außerhalb unserer Erde zu erkunden, damit kann kein Preis mithalten.

Aber wie finden Astronomen denn nun Lebensspuren über Lichtjahre hinweg, ohne hinzufliegen? Die Antwort liegt im kodierten Licht des Planeten und seines Sterns. Das erste Puzzlestück ist unsere Erde. Wenn uns außerirdische Astronomen beobachten würden, würden sie Lebensspuren entdecken – und wie sähen die aus?

DER AUFREGENDSTE AUSSPRUCH IN DER WISSENSCHAFT, DER NEUE ENTDECKUNGEN ANKÜNDIGT, IST NICHT „EUREKA", SONDERN ➤ „DAS IST ABER KOMISCH".

ISAAK ASIMOV
- AUTOR -

6.

Kapitel

SPURENSUCHE NACH LEBEN IM ALL

➤——→

Mit raffinierten Methoden finden wir bereits Exoplaneten. Aber wie untersucht man einen konkreten Planeten darauf hin, ob er die richtigen Bedingungen für Leben bereithält?

Die Zusammensetzung der Luft von einigen Heißen Jupitern können Astronomen schon mit heutigen Teleskopen analysieren. Fotos von Gasriesen geben uns Einblicke darüber, aus was ihre Atmosphären bestehen. Auch wenn sich der Planet bei einer Verdunklung vor den Stern schiebt, wird ein Teil des Sternenlichts dabei durch die Luft des Exoplaneten gefiltert, bevor es die Erde erreicht. Dieses gefilterte Licht hilft, die Bedingungen auf dem Gasplaneten zu analysieren. Zusätzlich zu Fotos kleiner Planeten wird diese Methode zentral bei der Spurensuche nach Leben sein.

Ein Fingerabdruck aus Licht

Ein kleiner Punkt. Das ist alles, was wir von der Erde auf dem Bild von *Voyager 1* sehen. Und obwohl wir weder Kontinente noch Meere, geschweige denn Menschen, erkennen können, verrät uns das von der Erde reflektierte Sternenlicht, dass es dort Leben gibt. Den *Licht-Fingerabdruck* der Erde können wir über riesige Distanzen hinweg lesen. Neueste Bilder und Eklipsen-Spektren der nächsten beobachteten Heißen Jupiter und Mini-Neptune zeigen unterschiedlichste Welten mit ihren individuellen Licht-Fingerabdrücken. Ähnlich wie an einem Tatort verwenden wir diese unterschiedlichen Licht-Fingerabdrücke zur Charakterisierung von beobachteten Welten. Aber was ist so ein Licht-Fingerabdruck überhaupt? Die Antwort liegt im Regenbogen.

Die Sonne sendet Licht in vielen Wellenlängen aus. Da sie alle gleichzeitig in unserem Auge ankommen, erscheint dem menschlichen Gehirn das Sonnenlicht *weiß*. Nur in einem Regenbogen wird das Sonnenlicht aufgespalten, in viele verschiedene Farbtöne. Wir können sieben davon sehen, immer in der gleichen Reihenfolge: Rot, Orange, Gelb, Grün, Blau, Indigo und Violett. Ein Regenbogen taucht immer dann auf, wenn es regnet oder gerade geregnet hat und gleichzeitig die Sonne scheint. Es müssen kleine Wassertropfen in der Luft schweben, durch die Licht scheint. Regenbögen entstehen deshalb auch an Wasserfällen – oder im Garten, wenn man mit einem Wasserschlauch spritzt. Wichtig ist nur, dass man die Sonne im Rücken und den Regen oder das Wasser vor sich hat.

Das weiße Sonnenlicht trifft nun auf Wassertropfen in der Luft. Der Wassertropfen ist dichter als die Luft und lenkt den Lichtstrahl ab. Man kann sich das so vorstellen, dass ein Wassertropfen das weiße Licht in seine farbigen Komponenten aufspaltet, weil Licht mit verschiedenen Farben verschieden stark abgebremst wird, es wird beim Übergang vom einen zum anderen Material gebrochen. Licht hat Energie. Das spürt man auf der Haut, wenn man in der Sonne steht. Rotes Licht hat weniger Energie als blaues Licht. Beim Eintritt in den

Regentropfen wird blaues Licht ein wenig stärker abgebremst als rotes, das heißt, die einzelnen Farbkomponenten werden verschieden stark abgelenkt, wenn der Eintritt unter einem Winkel passiert – was bei einem runden Regentropfen ja der Fall ist. Langwelliges Licht – also Rot – wird weniger stark abgelenkt als kurzwelliges Licht, also Blau, Indigo und Violett. Die Reihenfolge im Regenbogen hat genau damit zu tun: Das energieärmste Licht, Rot, erscheint immer ganz oben und das energiereichste Licht, Violett, immer unten. Manchmal kommt es zu einem zweiten, nicht so hellen, *gespiegelten* Regenbogen, der mit dem Hauptregenbogen am Himmel steht. Dort sind die Farben genau verkehrt herum, weil er dadurch entsteht, dass das Licht auf der Rückseite des Regentropfens noch einmal gebrochen wird.

Für die ersten nahen Heißen Jupiter können die größten heutigen Teleskope genug Licht einfangen, um ihre Luft zu analysieren. Um das vom Exoplaneten gefilterte oder reflektierte Sternenlicht aufzuspalten, verwenden Astronomen einen sogenannten *Spektrographen*. Der spaltet, ähnlich wie ein Regentropfen, das Licht in seine Farben oder *Wellenlängen* auf und zeichnet das so erzeugte *Spektrum* auf. Statt einem Regentropfen verwendet ein Spektrograph ein Prisma oder Beugungsgitter, das die Farben des Lichts unterschiedlich bricht. Im aufgezeichneten Spektrum sieht man genau, welche Wellenlängen in dem reflektierten oder gefilterten Sternenlicht fehlen. Diese Information enthüllt die ersten Geheimnisse anderer Welten, denn sie zeigt, welche Zusammensetzung die Luft auf einem Exoplaneten hat.

Das klingt unglaublich, ist aber gar nicht so schwer zu erklären. Chemie und Physik spielen hier ganz eng zusammen. Sauerstoff, Ozon, Methan, Wasser und die anderen Gase in unserer Luft sind Moleküle. Sie bestehen aus mehreren Atomen. Als Beispiel: Ozon, chemisch O_3 genannt, ist aus drei Sauerstoffatomen zusammengesetzt, die miteinander verbunden sind. Die einzelnen Atome bewegen sich. Wenn Moleküle in der Luft vom Sternenlicht mit einer ganz bestimmten Energie getroffen werden, schwingen und rotieren sie kurzzeitig. Die Energie des Sternenlichts kann auch Elektronen treffen und sie dann in höhere Energieniveaus stoßen. Diese Energie, die Moleküle zum Schwingen und Rotieren bringt und die Elektronen in höhere Energieniveaus stößt, lässt sich für jedes einzelne Molekül und Atom genau berechnen und messen. Jedes von ihnen absorbiert nur ganz bestimmte Energien. Jede Farbe oder Wellenlänge des Lichts hat eine spezifische Energie. Genau diese Wellenlängen fehlen dann im reflektierten oder gefilterten Sternenlicht, weil sie ja vom Molekül oder Atom verwendet werden. Jedes einzelne Atom und Molekül besitzt für sich eine ganz charakteristische Kombination von Energien. Wo welche Wellenlänge fehlt, zeichnet sich in sogenannten *Absorptionslinien* im Spektrum ab. Diese erkennt man als dunkle Linien im Licht-Fingerabdruck des Planeten. Dadurch sehen wir im gefilterten und reflektierten Sternenlicht und auch in der Wärmestrahlung des Planeten über kosmische Distanzen, welche chemische Zusammensetzung seine Luft hat.

Der Licht-Fingerabdruck der Venus zum Beispiel sieht ganz anders aus als der unserer Erde, weil die Zusammensetzung ihrer Luft von der Erdluft verschieden ist. Und das gilt für jeden anderen Planeten in unserem Sonnensystem. Wenn wir den Licht-Fingerabdruck untersuchen, können wir dadurch eine andere Erde von einer anderen Venus oder einem Mars unterscheiden. Mit der gleichen Methode könnten Astronomen einen Teil der Geheimnisse anderer Planeten innerhalb und außerhalb unseres Sonnensystems lüften. Astronomen üben jetzt schon mit Teleskopen, die Licht-Fingerabdrücke großer Heißer Jupiter zu lesen. Mit der nächsten Generation von großen Teleskopen können sie dann das erste Mal genug Licht der kleineren Exoplaneten einfangen, um auch ihre Licht-Fingerabdrücke zu untersuchen, um darin Spuren von Leben zu erspähen. Aber ganz so einfach ist das gar nicht, denn was gilt überhaupt als Spur von Leben?

DER LICHT-FINGERABDRUCK EINES PLANETEN

Der Stern strahlt seinen Planeten an.

Der Planet reflektiert einen Teil des Sternenlichts. Der Rest wird absorbiert und dem Planeten wird dadurch warm.

VERSCHIEDENE PLANETEN = VERSCHIEDENE LICHT-FINGERABDRÜCKE

Mit einem Spektrographen oder einem Regentropfen kann man reflektiertes Sternenlicht oder Wärmestrahlung in seine Farben aufspalten.

ERDE $\rightarrow$ CH_4 O_3 CO_2 H_2O

VENUS $\rightarrow$ CO_2 SO_2

MARS $\rightarrow$ CO_2

WIE VIEL LICHT (BEI UNS) ANKOMMT

O_3 CO_2

O_3 CO_2

Das Spektrum zeigt, wie die Luft des Planeten zusammengesetzt ist.

5   10   15

FARBE (ODER WELLENLÄNGE) DES ANKOMMENDEN LICHTS

Eindeutige Lebensspuren über Lichtjahre hinweg

Über die Entfernung von Lichtjahren ist dieser Licht-Fingerabdruck nicht immer gut lesbar. Er ist aus der Distanz schlecht zu sehen, weil wenig Licht bis zu uns kommt.

Schauen wir uns einmal den Licht-Fingerabdruck unserer Erde genauer an. Er beinhaltet Wasser, Sauerstoff, Ozon, CO_2 und Methan. Wasser ist eine Grundlage von Leben, wie wir es kennen. Aber umgekehrt ist, wenn wir Wasser finden, nicht unbedingt Leben da. Wasserdampf gibt es auch auf dem Jupiter. Das heißt, Wasser allein ist kein eindeutiges Indiz für Leben. Sauerstoff ist spannend, denn den atmen wir. Aber Sauerstoff allein ist auch kein eindeutiger Beleg. Geringe Mengen von Sauerstoff können auch ohne Biologie erzeugt werden. Wenn aber nichts mit dem Sauerstoff reagiert, dann kann er sich über Milliarden Jahre hinweg in der Luft eines Planeten ansammeln. Sauerstoff wird außerdem auch frei, wenn es auf einem Planeten richtig heiß ist und das UV-Licht des Sterns Wasser in Sauerstoff und Wasserstoff aufspaltet und somit Sauerstoff in großen Mengen erzeugt. Ähnlich wird Sauerstoff auch bei der Spaltung von CO_2 frei. Daher reicht auch der Nachweis von Sauerstoff nicht aus, einen Planeten als bewohnbar zu definieren.

Ozon wird produziert, wenn Sauerstoff von energiereicher UV-Strahlung getroffen wird. So entsteht auf unserer Erde in circa 30 Kilometern Höhe unsere Ozonschicht. Ozon wiederum absorbiert die UV-Strahlung effizient und schützt uns somit davor. Da Ozon aus Sauerstoff erzeugt wird, können wir es wie Sauerstoff nicht allein als eindeutige Lebensspur verwenden.

Methan und CO_2 selbst werden beide von Bakterien auf der Erde erzeugt. Das wäre eine Spur für Bakterien, wenn beide Gase nicht auch ohne Zutun von Leben aus Gestein ausdampfen könnten. Das heißt, kein Gas *allein* wäre ein eindeutiger Hinweis auf Leben hier auf dem blauen Planeten.

Auf die Kombination kommt es an

Ein einziges Gas reicht also nicht aus. Aber die Kombination von Gasen macht die Spurensuche möglich. Sauerstoff reagiert mit einem *reduzierenden* Gas wie Methan. Dadurch sind Sauerstoff oder Ozon *plus* Methan auf einem Planeten in der Habitablen Zone unser bestes Lebensindiz. Wenn Sauerstoff und Methan miteinander reagieren, produzieren sie Wasser und CO_2. Das heißt, wir sehen die Produkte Wasser und CO_2 in der Luft, aber kaum mehr Sauerstoff und Methan. Außer, wenn sie gerade nachproduziert werden.

Durch Beobachtungen des Sterns, um den der Exoplanet kreist, können Forscher berechnen, wie viel Sauerstoff durch reine Chemie entsteht. Und wie viel Sauerstoff übrig bleibt, wenn es in der Luft auch Methan gibt. Wenn der Sauerstoffgehalt über diese berechnete Menge hinausgeht, dann muss etwas den Sauerstoff gerade nachproduzieren. Auf einem Felsplaneten in der Habitablen Zone haben wir dafür keine andere Erklärung, als dass der Sauerstoff von Leben produziert wird. Per Ausschlussprinzip können wir relativ sicher sein: Leben ist die beste Erklärung für den Sauerstoff, der dann übrig bleibt. Hundertprozentig garantiert ist das aber nicht, denn dafür müssten wir alle anderen Möglichkeiten komplett ausschließen können. Das kann die Wissenschaft nie – nicht einmal die These vom unsichtbaren Drachen. Obwohl sie extrem unwahrscheinlich ist.

Wie sieht es also mit Lebensspuren bei unseren nächsten Nachbarn aus? Weder Mars noch Venus zeigen diese Lebensspuren in ihren Licht-Fingerabdrücken. Der andere Felsplanet unseres Sonnensystems, Merkur, ist zu leicht und zu nahe an der Sonne, darum ist er nicht von einer Atmosphäre umgeben, die wir mit unserer vergleichen könnten.

Um mehr über Licht-Fingerabdrücke anderer Planeten zu erfahren, müssen wir wieder in der Zeit zurückreisen. Denn so ein Licht-Fingerabdruck bleibt nicht immer gleich, wie wir von unserer Erde lernen können.

Reise in die Vergangenheit

Die Entwicklung unserer Erde über 4,6 Milliarden Jahre ist eine Entdeckungsreise durch ganz fremd anmutende Landschaften mit unterschiedlichsten Lebensformen. Wenn wir uns die Geschichte der Erde als Uhr mit 24 Stunden vorstellen, dann erscheinen wir Menschen erst ein paar Sekunden vor Mitternacht. Leben gibt es aber schon seit mindestens 3,6 Milliarden Jahren oder seit halb sechs Uhr früh. Was davor war, wissen wir nicht genau, weil das Gestein auf der Oberfläche der Erde nicht hart genug war, um bis jetzt zu überstehen. Die ältesten Steine sind winzige sogenannte *Zirkone*, die länger überlebt haben. Sie zeigen, dass es schon vor 4 Milliarden Jahren flüssiges Wasser auf der Erde gegeben hat, kurz nachdem die Erde fertig geformt war. Aber falls es damals schon Leben gab, wurden die Überreste nicht erhalten. Die ersten versteinerten Hinweise auf Leben sind circa 3,6 Milliarden Jahre alt. Soweit können wir hier auf der Erde vor Ort in der Erdgeschichte zurücksehen und Spuren von Leben aufspüren. Aber wie lange sehen wir das schon in ihrem Licht-Fingerabdruck?

Unsere Erde hat sich über ihre gesamte Lebenszeit verändert. Wenn unsere Atmosphäre sich nicht angepasst hätte, wäre unsere Erde über zwei Milliarden Jahre lang am Stück gefroren gewesen. Das können wir aber ausschließen. Altes Gestein müsste sonst Spuren davon zeigen. Unsere Sonne war damals nicht hell genug, um uns mit den Treibhausgasen, die wir heute haben, warm zu halten. Als die Sonne geboren wurde, hatte sie nur 70 Prozent ihrer heutigen Helligkeit. Das heißt, es müssen mehr Treibhausgase in der Luft gewesen sein, sonst wäre die Erde damals eingefroren.

Treibhausgase sind also wichtig für die Erde. Wir können abschätzen, wie viel davon nötig war, um die junge Erde warm zu halten. Das verändert wiederum ihren Licht-Fingerabdruck im Vergleich zu heute. In der Luft gab es damals keinen Sauerstoff. An den Ablagerungen in Gestein können wir ablesen, dass Bakterien erst vor circa 2,7 Milliar-

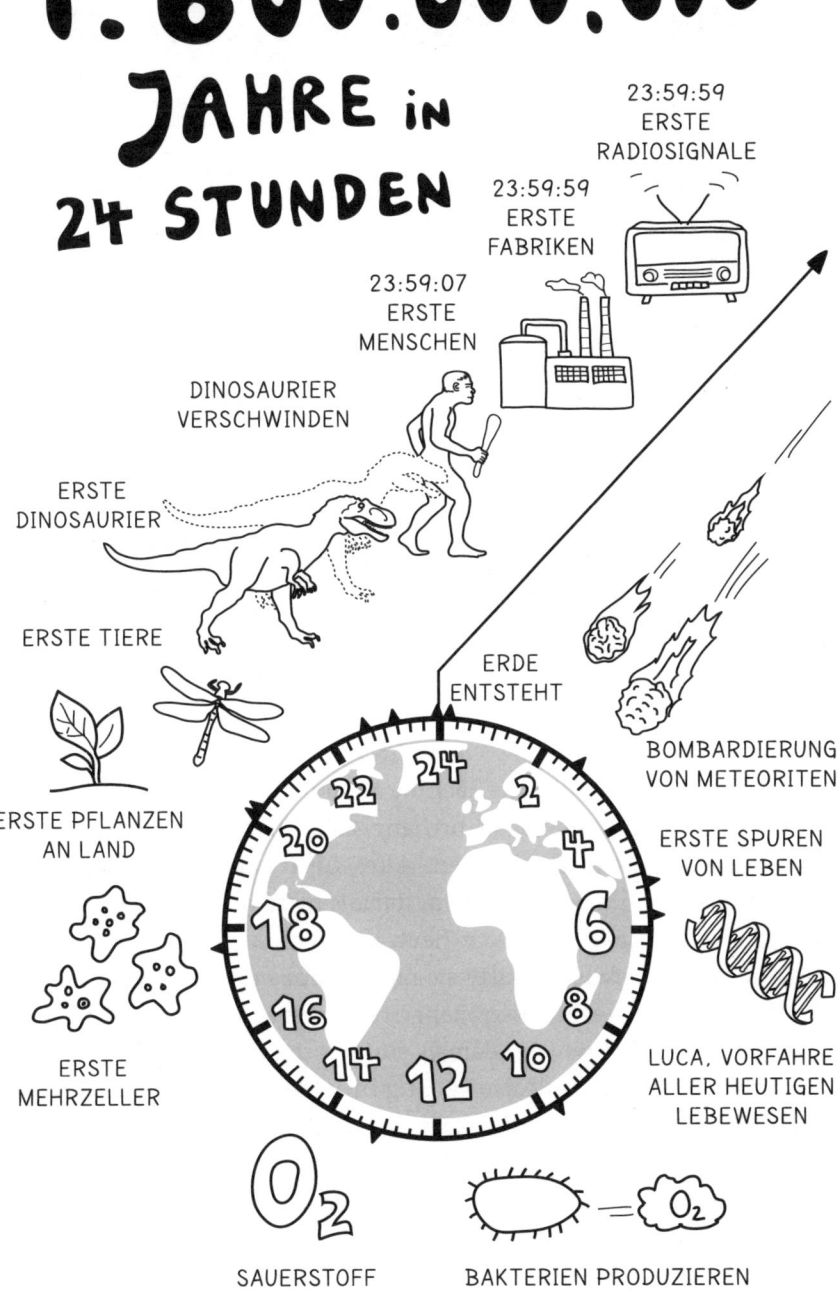

WELCHE ART VON LEBEN WIR ENTDECKEN KÖNNTEN

DER LICHT-FINGERABDRUCK DES PLANETEN
GIBT DARÜBER AUFSCHLUSS

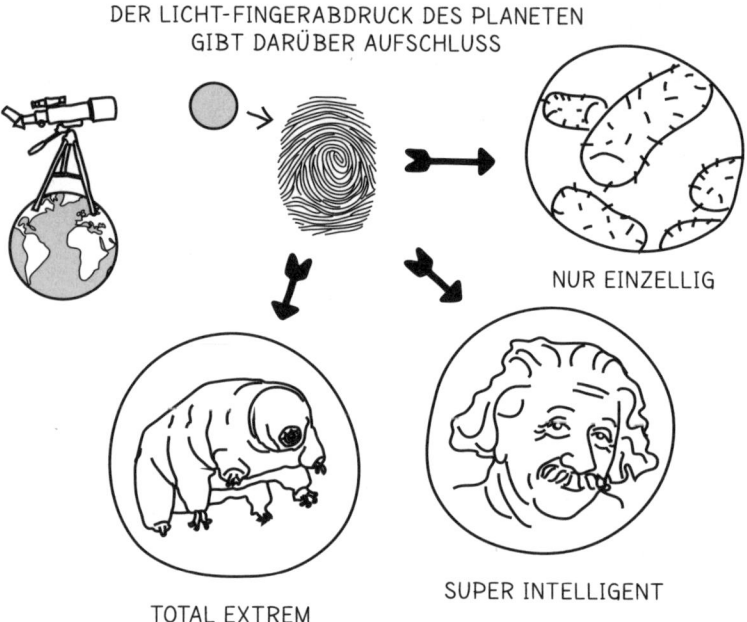

NUR EINZELLIG

TOTAL EXTREM

SUPER INTELLIGENT

den Jahren anfingen, Sauerstoff zu produzieren. Das modifiziert wiederum den Licht-Fingerabdruck der jungen Erde. Vor circa 2,3 Milliarden Jahren fing Sauerstoff erst an, sich stärker in der Luft anzureichern, es gab mehr und mehr davon zur freien Verfügung. Und wieder zeigt sich das im Fingerabdruck. Ab diesem Zeitpunkt sieht man die Spuren von Leben im Licht-Fingerabdruck unseres Planeten.

Industrielle Gase wie FCKWs, die nur von Menschen erzeugt werden, hinterlassen nur winzige Spuren in einem Licht-Fingerabdruck, da ihre Mengen – glücklicherweise – sehr gering sind. Für uns Menschen haben sie schwerwiegende Konsequenzen, aber über Lichtjahre hinweg verschwinden sie im Licht-Fingerabdruck eines Planeten. Ihre Auswirkungen wie das Ozonloch wären jedoch sichtbar. Dort, wo durch Sauerstoff und UV-Strahlung eine schützende Ozonschicht entstehen sollte, würden wir keine sehen. Ob jede Zivilisation gerade noch rechtzeitig merkt, dass sie mit diesen Gasen ihre schützende Ozonschicht zerstört und damit aufhören muss?

Wenn wir mit einer virtuellen Zeitmaschine zur jüngeren Erde reisen könnten, erschiene sie uns völlig fremd und unwirtlich. Ein wichtiger Tipp für eine Reise in einer Zeitmaschine, sollte jemand jemals so etwas gegen alle physikalischen Gesetze entwickeln: immer eine Gasmaske mitnehmen. Sonst geht die Tür der Zeitmaschine auf und Sie sind tot. Denn die Zusammensetzung der Luft unserer Erde hat sich wie oben erklärt mit der Zeit stark verändert. Und anfangs war sie alles anderen als gesund für uns, sondern pures Gift.

Spuren von Leben oder Fehlanzeige?

Leben gab es schon früher als vor 2,3 Milliarden Jahren auf der Erde, aber es hinterließ keine *eindeutigen* Spuren. Bakterien produzierten CO_2 und Methan. Beide Gase können aber auch nichtbiologisch entstehen. Wenn wir den Planeten nicht genau kennen, können wir keine Aussage darüber treffen, wie viel CO_2 und Methan rein aus dem Gestein ausgast und wie viel von Leben produziert wird. Bei unseren robusten Suchkriterien, Sauerstoff oder Ozon *plus* ein reduzierendes Gas wie Methan, werden *mögliche* Lebensspuren wie auf ganz jungen Erden nicht berücksichtigt, weil es bei der Entdeckung von Leben auf anderen Welten keinen Zweifel geben darf. Falls wir auf diese Weise irgendwann mit Gewissheit herausfinden sollten, dass wir nicht allein im Universum sind, wird das eine der spannendsten Entdeckungen der Menschheit.

Ein kleiner Punkt im All

Wenn wir den Exoplaneten von der Erde aus als kleinen Punkt in den Weiten des Alls sehen können, dann können wir ihn mit ausgeklügelten Tricks erkunden. Jeder Planet reflektiert einen Teil des Sternenlichts, das ihn trifft. Der Teil, der nicht reflektiert wird, fällt auf die Oberfläche und erwärmt sie. Dadurch wärmt sich der Planet auf und strahlt dann selbst Wärme ab – je heißer er ist, desto mehr. Wenn wir das Licht und die Wärme eines Planeten beobachten, erfahren wir einiges über ihn.

Auf der Erde ist es am Tag hell und in der Nacht dunkel. Wenn wir einen Exoplaneten im sichtbaren Licht betrachten, sehen wir seine Tagseite auch hell, aber die Nachtseite sehen wir nicht, weil sie kein Sternenlicht reflektiert, da sie ja keines erreicht. Das gilt für alle Planeten. Aber wenn wir uns die Temperaturen auf einem Planeten ansehen, dann sieht ein Planet mit einer Lufthülle ganz anders aus als einer ohne.

Zurück auf die Erde. Bei uns ist es tagsüber und nachts ähnlich warm. Das heißt, wenn wir uns die Wärmestrahlung oder das Infrarotlicht der Erde vom Weltall aus ansehen, ist sie überall warm und dadurch überall hell. Ein Planet, der keine Atmosphäre hat – wie Merkur –, ist hingegen auf der Tagseite heiß und auf der Nachtseite bitterkalt. Dadurch sehen wir die Nachtseite im Infrarotlicht als dunkel. So können wir auf einen Blick unterscheiden, ob der Planet von Luft umhüllt ist oder nicht. In tiefen unterirdischen Ozeanen kann es natürlich trotzdem Leben geben, auch ganz ohne Luft am Planeten. Es zu finden ist nur um einiges schwerer.

Aber von der Erde aus können wir die meisten Exoplaneten noch nicht als Punkt ausmachen, weil sie zu weit weg und dadurch zu lichtschwach sind. Trotzdem können wir ihre Luft mit einem Trick schon erforschen. Dann, wenn sie sich vor ihren Stern schieben. Ein kleiner Teil des Sternenlichts wird dabei von der Luft des Planeten *gefiltert*. Dadurch sehen wir die Luft des Übergangs zwischen Tag und Nacht am Planeten, die Nachtseite ist uns ja bei der Verdunklung zugewandt. So können wir den Licht-Fingerabdruck der Dämmerung im gefilterten Sternenlicht beobachten.

Wer sieht uns?

Vorausgesetzt, ihr Teleskop wäre groß genug, um Licht aus riesigen Entfernungen einzufangen, dann könnten außerirdische Astronomen mit dieser Methode nicht nur unser Leben auf der Erde entdecken. Je nachdem, wie weit ihr Planet weg ist, sähen sie die Erde zu unterschiedlichen Zeitpunkten. Die nächste große Galaxie Andromeda liegt ja »nur« circa 2,5 Millionen Jahre von der Milchstraße entfernt – von dort würden sie gerade die Anfänge der Geschichte des Homo Sapiens beobachten können. Die ältesten Funde von Homo Sapiens sind circa 2,8 Millionen Jahre alt. 2,8 Millionen Lichtjahre weit hat es also das Sonnenlicht, das unsere Erde damals reflektiert hat, schon auf seiner Reise ins Weltall geschafft.

Aber die Evolution auf anderen Planeten könnte auch viel schneller oder langsamer vor sich gehen. Und die Frage ist offen, ob sie durch all unsere Entwicklungsstadien durch muss, um bei intelligentem Leben anzukommen.

Als Vorbereitung zur Erforschung der großen Vielfalt von anderen Welten bauen wir gerade Computermodelle von Licht-Fingerabdrücken verschiedener Planeten und erstellen eine Datenbank. Die hilft zu planen, wie lange man einen Exoplaneten beobachten muss, um Spuren von Leben nicht zu verpassen. Und dabei lernen wir auch einiges über unseren eigenen Planeten. Wenn wir in der Forschung etwas extrapolieren, müssen wir erst die Grundlagen sehr gut verstehen. Das hilft uns auch zu verstehen, was in Zukunft auf die Erde zukommen wird.

Und sie drehen sich doch

Von erdnahen Satelliten aus gesehen ist die Erde eine wunderschöne Kugel, mit Ozeanen und Kontinenten bedeckt. Ozeane sehen anders aus als die Kontinente – auch vom Weltall aus. Sogar mit der nächsten Generation von Teleskopen, mit dem James Webb Weltraumteleskop (JWST) und dem European Extremely Large Teleskop (E-ELT), können wird solche Details auf der Oberfläche eines anderen Planeten noch nicht sehen, vielleicht jedoch mit der Generation von noch größeren Teleskopen danach. Aber wie kann man aus dem Foto eines kleinen Lichtpunkts einen Exoplaneten herauslesen?

Wasser reflektiert sehr wenig Licht, Eis und Kontinente reflektieren mehr, Kontinente sind auf Bildern deshalb heller als das Wasser um sie herum. Dadurch wird der winzige Lichtpunkt Erde von weit weg gesehen insgesamt heller, weil man mehr vom Land sieht als vom Wasser. Wenn man den Planeten lange beobachtet, dann kann man diese Helligkeitsschwankungen über seinen Tag hinweg aufspüren. Wo genau das Meer und wo genau die Kontinente sind, lässt sich zwar nicht sagen, aber die Rotationsperiode des Planeten lässt sich so messen. Das heißt, Astronomen könnten durch diese winzigen Helligkeitsunterschiede des Planetenlichts auch die Tageslänge auf einem Exoplaneten herausfinden. Das ist spannend, weil wir noch nicht verstehen, warum ein Tag auf einem Planeten so lang ist, wie er ist – also, was die *Rotationsdauer* des Planeten bestimmt.

In unserem eigenen Sonnensystem ist die Tageslänge auf den vier Felsplaneten ganz verschieden. Auf der Erde ist der Tag 24 Stunden lang, auf dem Mars 24,7 Stunden, auf der Venus über 116 Erdtage, und auf dem Merkur etwas mehr als 175 Erdtage.

Wenn es Leben auf Planeten mit anderen Tageslängen gibt, wären kleine Änderungen natürlich leicht möglich. Lebewesen, die Sonnenlicht brauchen, hätten wahrscheinlich längere Zyklen, wenn der Tag viel länger wäre. Was die Evolution über Milliarden Jahre auf so einem Planeten machen würde, wie sich also dort Leben entwickeln würde, kann nicht einmal in den größten Computermodellen berechnet werden. Wie mögliches Leben durch die Rotationsgeschwindigkeit beeinflusst würde, ist eine weitere offene Frage. Aber eines ist sicher, die Entdeckungen werden auch für die Biologie Überraschungen bieten.

Bei genauerer Betrachtung von Satellitenbildern sehen wir auch etwas anderes sehr gut – schlechtes Wetter.

Planeten: Schlechtwetter behindert die Sicht

Ein Blick auf die Venus zeigt uns nichts als eine dicke Wolkenschicht, der ganze Planet ist davon bedeckt. Wie der Venusboden aussieht, können wir im sichtbaren Licht nicht von außen erkennen. Auf der Erde sind die Wolken zwar dicht, aber nur an die 50 Prozent der Erde ist mit Wolken bedeckt, dadurch sehen wir trotzdem auch den Erdboden. Am Mars sind die Wolken ganz dünn und blockieren das sichtbare Licht nicht. Den Marsboden sehen wir von außen komplett, außer wenn gerade ein Riesensandsturm den Mars überzieht. Merkur hat keine richtige Atmosphäre und dadurch auch keine Wolken oder Sandstürme, seine Oberfläche sehen wir immer.

Wolken sind ein Problem bei der Suche nach Leben, weil sie uns den Blick auf den bodennahen Teil des Planeten versperren. Je nach Zusammensetzung der Luft und Temperatur sind auch Wolken verschieden. Auf der Venus bestehen die Wolken aus Schwefelsäure, auf der Erde aus Wasser und auf dem Mars aus CO_2. Wolken ziehen über den Himmel, das heißt, sie bewegen sich relativ zum Boden. Um herauszubekommen, wie lange ein Tag auf einem anderen Planeten dauert, müssen wir das Signal der Wolken herausfiltern. Das geht, wenn wir auch einen Teil des Bodens sehen. Aber es wird viel Zeit kosten, weil Astronomen viele Daten brauchen, um die Bewegung der Wolken, die anders ist als die Bewegung des Bodens, zu unterscheiden. Eigentlich verrückt, dass wir dann wissen werden, wie lange auf einer anderen Welt die Sonne scheint. Nicht nur das, wir könnten auch Vulkanausbrüche und gewaltige Sandstürme auf Felsplaneten um andere Sonnen erspähen.

Geologische Aktivität und Vulkanausbrüche

Im Kapitel 5 haben wir uns ja schon mit der geologischen Aktivität auseinandergesetzt. Planeten brauchen geologische Aktivität, um die Helligkeitssteigerung ihrer Sonnen über Milliarden Jahre ausgleichen zu können und dadurch lange lebensfreundliche Bedingungen auf der Oberfläche zu bieten. Die Habitable Zone um einen Stern ist nur für einen *geologisch aktiven* Planeten breit. Eine Möglichkeit herauszufinden, ob ein Planet – wie die Erde – geologisch aktiv ist, ist nach Vulkanausbrüchen Ausschau zu halten. Das heißt noch lange nicht, dass es auf so einem Planeten automatisch Leben gibt. Aber ein Felsplanet mit Vulkanausbrüchen als Spuren geologischer Aktivität in der Habitablen Zone um seinen Stern ist ein außerordentlich interessanter Planet für die Suche nach Leben.

Die größte gemessene Eruption auf der Erde war der Pinatubo-Vulkanausbruch auf den Philippinen 1991. Der Vulkan schleuderte Asche und Gase kilometerhoch bis in unsere Stratosphäre. Dadurch dass Gase, die es normalerweise nicht in der Luft des Planeten gibt, bei gewaltigen explosiven Vulkanausbrüchen bis hoch in die Atmosphäre geschleudert werden, könnten Astronomen solche Ausbrüche auch auf anderen Exoplaneten aufspüren. Auf Felsplaneten um die nächsten Sterne wäre das mit dem JWST schon möglich, wenn sie so aktiv wären wie eine junge Erde. Dann könnten wir sozusagen Vulkanen auf Exoplaneten bei gewaltigen Ausbrüchen zusehen.

Wüstenplaneten

Auf dem Mars können globale Sandstürme auftreten, die den Planeten vollständig einhüllen. Das erkennt man auch im Licht-Fingerabdruck vom Mars, weil der Sand in der Atmosphäre das Licht teilweise blockiert. Dann sehen wir statt der Marsoberfläche überall nur Sand in der Luft. Sandstürme könnten auch auf Wüstenplaneten um andere Sterne die Norm sein. Es ist toll, sich diese anderen Welten auszumalen. Und dann – wahrscheinlich mit einem amüsierten Lächeln – unsere Erwartungen und die noch viel spannendere Realität zu vergleichen.

Leben in Wasserwelten –
ewige Wellen und Eis, das nicht schwimmt

Was passiert, wenn es auf einem Exoplaneten statt Wüste überall Meere gibt und gar kein Land mehr? Das wäre möglich, wenn er aus mehr Wasser besteht als die Erde. Eigentlich wären solche Wasserwelten mit erdähnlichen Atmosphären nicht einmal unwahrscheinlich. Aber dadurch, dass wir die Masse der kleinen Exoplaneten nicht genau genug kennen, können wir ihre Dichte noch nicht gut genug bestimmen, um zwischen Wasserwelten und Nicht-Wasserwelten zu unterscheiden.

Aber einige der neu entdeckten Felsplaneten in der Habitablen Zone sind größer als die Erde, wie Kepler-62e und Kepler-62f. Sie könnten wie unser Planet eine Oberfläche mit Meeren und Kontinenten haben, oder sie könnten mit viel mehr Wasser bedeckt sein, einfach weil sie größer sind und mehr Wasser haben könnten. Was wäre auf solchen Wasserplaneten anders als auf unserer Erde? Nehmen wir als Beispiel wieder einen Planeten wie unsere Erde und fügen ihm mehr Wasser hinzu. Dadurch würden erst die Kontinente versinken. Wellen, die sich nie brechen, würden über die Ozeane rollen. Kein Land wäre in Sicht. Noch ist der Planet nicht so anders als unsere Erde.

Geologische Aktivität geht am Meeresboden weiter, obwohl kein Fels mehr aus dem Wasser ragt.

Je mehr Wasser wir zum Planeten hinzufügen, desto stärker steigt der Druck am Boden der Ozeane. Wenn wir dort tauchen wollten, würde es immer schwerer zu atmen, je tiefer wir kommen, auch mit Sauerstofftank, allein durch den Druck. Ab einer gewissen Tiefe wird der Druck am Boden des Ozeans so hoch, dass Wasser zu Eis gepresst wird.

Dieses Eis ist anders als das Eis, das wir kennen. Das normale Wassereis entsteht, wenn es so kalt wird, dass Wasser gefriert. Es hat eine kleinere Dichte als Wasser und schwimmt deshalb oben, wenn es draußen kalt wird. Am Boden eines einige Tausend Kilometer tiefen Ozeans entstünde sogenanntes *Hochdruckeis*, obwohl es dort warm wäre. Das geschieht, wenn die Wassermoleküle durch den hohen Druck so fest zusammengepresst werden, dass sie erstarren. In so einem tiefen Ozean würde der Felskern des Planeten nicht mehr mit Wasser, sondern nur mehr mit dem Hochdruckeis in Berührung kommen. Was dann passieren würde, ist ein aktuelles Feld der Forschung. Wenn vom Inneren eines solchen Planeten keine Chemikalien durch das Eis in den Ozean darüber transportiert werden könnten, würde es dann dort genug Material geben, um Leben zu beginnen?

Aber die Hitze im Inneren eines Planeten – im Inneren der Erde ist es auch heiß – sollte da weiterhelfen. Das Hochdruckeis wäre dadurch unten, wo der Felskern an die dicke Eisschicht stößt, heiß und oben am Meeresboden nur warm. Dadurch fängt dieses Eis an, sich zu bewegen und dabei Gase zu transportieren, die aus dem Felskern ausgasen und dann im Hochdruckeis eingeschlossen werden. Vereister Materialtransport vom Felskern zum Meer sozusagen. Niemand weiß, wie schnell das vor sich geht, aber so könnte ein neuer geologischer Zyklus entstehen, der auch für Wasserwelten eine Habitable Zone über lange Zeit ermöglicht. Diese Zone wäre wahrscheinlich ganz ähnlich breit, wie die einer Erde mit Kontinenten und Wasser. Nur zukünftige Beobachtungen von Wasserwelten werden ihre Geheimnisse lüften.

WIR SIND DAS RESULTAT EINER URSPRÜNGLICHEN MISCHUNG AUS WASSERSTOFF UND HELIUM,

→ DIE SICH SO LANGE ENTWICKELT, BIS SIE FRAGT, WOHER SIE KOMMT.

JILL TARTER
– WISSENSCHAFTLERIN –

7.

Kapitel

DER PERFEKTE PLANET

Leben, wie wir es kennen

Halten wir fest: Einen Volltreffer auf der Planetensuche landen wir, wenn wir einen Planeten in der Habitablen Zone gefunden haben, der klein genug ist, um ein Felsplanet zu sein.

Leben auf der Erde wurde durch unsere Umwelt und unsere Sonne geprägt. Beide Faktoren haben unsere Entwicklung bestimmt. Andere Planeten, deren Sonne kühler oder heißer ist als unsere, könnten ganz andere Lebensformen hervorbringen. Wir beginnen gerade erst, solche möglichen Lebensformen wissenschaftlich anzudenken, aber die Möglichkeiten sind uferlos. Nicht einmal die chemischen Bausteine müssten die gleichen sein. Aber sehen wir uns im Universum einmal um. Da ist überall immer wieder Kohlenstoff und Wasserstoff zu finden. Kohlenstoff bildet stabile, komplexe Strukturen, die sich aber auch leicht brechen und dadurch erneuern lassen. Er bildet dadurch eine fast endlose Anzahl an zugleich starken und flexiblen, langen Ketten und Ringen. Kein anderes Atom lässt sich zu so komplexen, vielseitigen Molekülen zusammensetzen. Dadurch ist Kohlenstoff ein idealer Baustein für Leben. Das heißt, Leben ist vermutlich auf der Basis von Kohlenstoff – wie wir – aufgebaut.

Wasser als Flüssigkeit hat einige interessante Eigenschaften. Es löst viele andere Chemikalien durch seine polare Struktur des H=O=H auf und schirmt gleichzeitig UV-Strahlung ab. Bei kälteren Temperaturen könnten andere Flüssigkeiten Wasser ablösen wie auf dem Jupiter-Mond Titan. Wie lebendige Zellen in einem Methansee aussehen könnten, wird noch theoretisch erforscht. Aber auch Leben auf der Erde hält noch einige Überraschungen bereit.

Überlebenskünstler

Er überlebt tiefgefroren bei bis zu -200 Grad Celsius und gekocht bis 100 Grad Celsius. Er überlebt eine Strahlungsdosis, 1000-mal höher als die, die Menschen schon umbringt. Er überlebt mindestens zehn Jahre ohne Wasser. Er überlebt im Weltall – ohne Raumanzug – für mindestens zehn Tage. Mehr haben wir noch nicht ausprobiert. Man ist bestimmt schon auf ihn draufgetreten, aber das macht nichts. Er überlebt mehr als den tausendfachen Druck auf der Erdoberfläche, also auch uns. Er lebt gern im Moos, aber eigentlich überall, vom Himalaya über Sanddünen bis zu den tiefsten Regionen des Meeres und besonders gerne in feuchter Umgebung. Er ist zwischen 0,5 und 1,5 Millimeter groß und bewegt sich wie ein Mini-Bär: der kleine Wasserbär.

Kleine Wasserbären oder *Tardigrada* sind nur ein Beispiel für die erstaunlichen Lebewesen auf unserer Erde, die wir normalerweise verpassen, weil sie so klein sind. Aber ihre Eigenschaften sind beeindruckend. Kleine Wasserbären schaffen diese Meisterleistungen, weil sie ihren Metabolismus stoppen und austrocknen können. Mit etwas Wasser erwachen sie dann wieder munter zum Leben. Eine Eigenschaft, die für uns sehr nützlich wäre. Besonders, wenn wir keinen

Eigentlich perfekt
für ein Weltraum-Programm:

TARDIGRADA
⊸ KLEINE WASSERBÄREN ⊸

TARDIGRADA KÖNNEN ÜBERLEBEN:
- ZIEMLICH ÜBERALL AUF DER WELT
- BEI -200 °C BIS +100 °C
- 10 JAHRE OHNE WASSER
- BEI HOHER STRAHLUNGSDOSIS
  (1000-MAL HÖHER ALS DIE,
  DIE UNS UMBRINGT)
- IM WELTALL – OHNE RAUMANZUG
  (FÜR MINDESTENS 10 TAGE)

zwischen
0,5 und 1,5 mm
groß

Raumanzug bräuchten, würden wir uns bei der Planung von Reisen im All einiges Kopfzerbrechen ersparen. Ohne Lebensversorgung wäre jede Weltraum-Mission um einiges einfacher.

Leben gibt es auf der Erde fast überall. Was auch irgendwie beruhigend ist. Egal, was wir anstellen, auch wenn dadurch Menschen nicht überleben, irgendeine Art von Leben auf der Erde wird es wahrscheinlich tun. Die kleinen Wasserbärchen sind noch nicht einmal *extreme* Lebensformen. Aber sie passen sich an (für uns) extreme Umgebungen an. Egal, wo wir nach Leben suchen, in Eisfeldern, Salzseen, in der Tiefsee, wir finden Lebensformen, die sich in Umgebungen tummeln, in denen wir nicht überleben würden. Nur wenn es zu heiß wird, sodass Strukturen und chemische Bindungen aufbrechen, gibt es kein Leben mehr. Aber unterhalb dieser Temperaturen gibt es einen sehr breiten Bereich, in dem sich auf der Erde Leben tummelt, das wir uns nie so vorgestellt hätten. Und es ist ziemlich farbenfroh.

Bunte, andere Lebensformen

Im Yellowstone-Nationalpark in den USA sieht man wunderschöne Farben im Wasser der heißen Quellen. Diese wunderschönen Farben werden von Lebensformen hervorgerufen, die Licht unterschiedlich reflektieren. Solche Farben könnten ganze andere Planeten überziehen.

Dschungelwelten würden das Grün der Pflanzen zeigen. Wasserwelten könnten farbige Algenteppiche entwickeln, die vielleicht mit den Jahreszeiten schwanken. Aber auch Wüsten-, Stein- und Eisplaneten könnten Heimat einer Vielzahl von Lebewesen sein. Die Vielfalt extremer Lebensformen auf der Erde gibt uns einen ersten Einblick, wie mögliche andere Welten aussehen könnten. Hätten wir hier nur leicht veränderte Bedingungen, wäre unser Planet nicht mit Pflanzen bedeckt. Andere Lebensformen, die wir auf der Erde nur in Nischen finden, könnten anderswo die dominante Lebensform sein. Wie wäre es mit etwas Ungewöhnlichem wie blutrotem Schnee?

Stellen wir uns einen Planeten vor, der komplett zugefroren ist. Eine gefrorene Oberfläche könnte zum Beispiel von Schneealgen dominiert werden. Solche Algen werden auch *Blutschnee* genannt. Sie können langsam abtauende Schneefelder grün, gelb oder blutrot färben. Schneealgen sind Süßwasser-Mikroorganismen, die sowohl in den Polargebieten als auch in vielen Bergregionen wie den Alpen vorkommen. Welche Färbung der Schnee annimmt, hängt davon ab, um welchen Mikroorganismus es sich handelt.

Es gibt Hunderte solcher Beispiele von Lebensformen in den extremen Umgebungen der Erde, und wir können sie ausgezeichnet dafür nutzen, unsere Suche nach Leben im All ein wenig zu erweitern.

Und wir können unser Wissen über diese Vielzahl an Lebensformen auch dazu verwenden, die entdeckten Planeten für weitere Untersuchungen zu priorisieren, das heißt, diejenigen zu finden, auf denen Leben am *wahrscheinlichsten* ist. Denn den Licht-Fingerabdruck eines Exoplaneten aufzunehmen, braucht viel Zeit – einige hundert Stunden. Aus diesem Grund können Astronomen nicht einfach alle Felsplaneten in der Habitablen Zone ihres Sterns genauer beobachten. Wir müssen also die wichtigsten Planeten identifizieren, ohne dass wir zu viel Zeit dafür verwenden. Das klingt leider einfacher, als es ist. Bei kleinen Planeten ist es sehr schwierig, sie über kosmische Distanzen ohne lange Beobachtungen zu priorisieren. Es hilft ein Trick, den Astronomen für viele andere Himmelsobjekte wie Sterne und Galaxien anwenden, um sie einzuteilen.

Wenn wir uns nicht das hoch aufgelöste Spektrum eines Planeten ansehen – wo sein reflektiertes Sternenlicht in viele Farben aufgespaltet wird –, sondern nur genug Licht eines Planeten aufnehmen, um es grob in drei Farben aufzuspalten, dann dauern die Beobachtungen viel kürzer. Mit diesen drei Farben können wir andere Welten grob einordnen. Sie sagen uns noch nicht, ob es dort Leben gibt. Aber sie können die Welten markieren, wo es wahrscheinlicher ist.

Eine Palette voller Infos – das Lebensfarbband

Wenn man ein Bild vom Gasplaneten Jupiter grob auf drei Farben reduziert, sieht es anders aus, als wenn man das gleiche mit der Erde macht. Die Erde zeigt viel mehr Blau, Jupiter zeigt dafür mehr Gelb und Orange. Astronomen arbeiten oft mit wenig Licht – sie verwenden kleinere Teleskope, um die interessantesten Himmelsobjekte mit einem Farbdiagramm auszuwählen, bevor mit großen Teleskopen die Details dieser Objekte angeschaut werden.

Ein spezieller Breitbandfilter misst die drei Farben des Planeten und zieht jeweils eine von der anderen ab – einmal Blau minus Rot und einmal Grün minus Rot – und bildet dann daraus die zwei Achsen eines Diagramms. Für jedes Himmelsobjekt wird dieser Wert auf den beiden Achsen des Farbdiagramms eingetragen. Damit erhält man einen Punkt im Farbdiagramm für jedes Objekt. Wenn die Punkte nahe beieinander liegen, sind die Objekte sich farblich ähnlich, wie zum Beispiel bei einem dunkel- und einem hellroten Stein.

In unserem Sonnensystem können wir auf diese Weise die Planeten erst einmal grob einteilen. Jupiter und die anderen Gasplaneten finden sich in einem bestimmten Teil des Farbdiagramms wieder. Die Felsplaneten liegen in einem anderen Teil. Die Farben der Gasplaneten werden vom dichten Gas ihrer Atmosphären geprägt.

Wenn man sich den Bereich der Felsplaneten genauer ansieht, erkennt man, dass in einem Zoombild auch Erde, Venus, Mars und Merkur in verschiedene Teile des Diagramms fallen.

Wir haben die Farben von mehr als 140 unterschiedlichsten Lebensformen auf der Erde vermessen und sie in ein solches Farbdiagramm eingetragen. Alle gemessenen extremen und nicht extremen Lebensformen fallen in ein dünnes Band in der Mitte der Grafik. Das ist bis jetzt nur eine Beobachtung, ohne dass Astronomen wissen, warum das so ist.

Wir könnten es vorsichtig *Band aller Lebensformen, die wir bis jetzt gemessen haben* nennen, oder kurz *Lebensfarbband*. Basierend auf diesen 140 unterschiedlichsten Lebensformen der Erde können Farbdiagramme zur ersten, sehr vorsichtigen Grobeinteilung anderer Welten dienen. All diese Lebensformen und ihre Daten sind nun in einem neuen, frei zugänglichen Farbkatalog am Carl Sagan Institute an der Cornell University verzeichnet.

Sagen wir, wir würden zwei Planeten finden – einen mit Farben im Lebensfarbband und einen, dessen Farben außerhalb dieses Bandes liegen –, dann ist derjenige, den wir innerhalb des Lebensfarbbandes wiederfinden, natürlich interessanter. Wenn wir uns aus Zeitgründen für einen entscheiden müssen, dann ist dieser ein vielversprechender Kandidat. Wenn wir genug Zeit zur Untersuchung beider Planeten haben, noch besser. Da wir noch nicht wissen, warum sich die Planeten in einem Farbdiagramm so aufteilen, hilft uns jeder neue Datenpunkt. Aber das Farbdiagramm ist kein Zauberstab, der uns sagen kann, welches Leben es auf anderen Planeten genau gibt. Oder anders ausgedrückt: Eine Rose ist rot, aber nicht alles, was rot ist, ist eine Rose.

Puzzle des Lebens

Schneealgen können den Schnee blutrot oder gelb oder grün färben. Pflanzen können den Planeten mit Grün bedecken. Das heißt, die Farbe des Planeten allein reicht nicht, um daraus zu schließen, *welche* Lebensform den Planeten einfärbt. Dazu brauchen wir hunderte Stunden Beobachtungen und weitere Teile des Puzzles, wie zum Beispiel die Beschaffenheit der Luft. Ist der Planet gefroren oder nicht? Gibt es Wasser oder nicht? Um einen Planeten zu verstehen, braucht es viele Informationen. Aber um ihn zunächst als interessant einzustufen, versuchen wir, mit dem wenigen auszukommen, das einfach zu beobachten ist.

Wie entsteht Leben?

Es gilt als sicher, dass Leben auf der Erde im Wasser entstanden ist. Ob in seichtem Gewässer oder am Meeresboden wird noch diskutiert. Es ist schwierig, dieses Rätsel hier auf der Erde zu lösen, weil Leben sich über lange Zeiträume hinweg perfekt an andere Umgebungen anpassen kann und aus heutiger Sicht beide Theorien ähnlich wahrscheinlich sind.

Mehr Details über die Entstehung von Leben sind noch nicht geklärt. Im Labor versuchen verschiedene Teams, die Anfangszustände für Leben nachzustellen. Sobald das gelingt, könnten Forscher als nächstes die Bedingungen ändern und beobachten, was passieren würde. Solche Laborexperimente nehmen aber enorm viel Zeit in Anspruch, denn Leben hat sich nach letzten Forschungsergebnissen in zehn bis hundert Millionen Jahren auf der Erde gebildet. Das ist eine lange Zeit, um so ein Experiment laufen zu lassen. Aber wenn wir herausfinden würden, unter welchen Bedingungen auf der Erde Leben entsteht, wäre das eine Sensation, die weitreichenden Nutzen haben könnte, weil wir Leben generell, und damit auch Aspekte wie Krankheiten und Altern, besser verstehen würden.

Es ist spannend, dass die Wissenschaft hier in beide Richtungen funktioniert: Die Forschung nach den Anfängen des Lebens auf der Erde könnte hilfreich sein, mögliches außerirdisches Leben zu finden. Andersherum könnte die Forschung nach Exoplaneten auch bei der Beantwortung der Frage nach den nötigen Anfangsbedingungen für Leben helfen: Wenn wir Lebensspuren auf vielen trockenen Planeten fänden, dann braucht es wohl keine tiefen Ozeane. Wenn wir es vermehrt auf Wasserplaneten finden, aber nicht auf trockenen Planeten, dann deutet das auf den Tiefsee-Ursprung hin. Wenn wir Lebensspuren auf allen heißen Planeten entdecken, aber nicht auf den kühlen oder umgekehrt, dann gibt uns das einen Hinweis auf die Bedingungen für den Ursprung des Lebens. Diese Fragen sind noch völlig ungeklärt, aber nicht mehr unlösbar.

Andere Sonnen

Kühle Sterne strahlen das meiste Licht als Infrarotlicht ab. Lebensformen auf Planeten um solche Sterne könnten sich zum Beispiel so entwickeln, dass sie Wärme sehen können statt sichtbares Licht wie wir. Sie würden die Umgebung dann wahrnehmen wie wir mit Nachtsichtgeräten. Damit sieht man Wärmestrahlung, egal, ob es hell oder dunkel draußen ist. Menschen sind zum Beispiel gut zu erkennen, weil sie wärmer sind als die Umgebungstemperatur. Gelsen oder Stechmücken und Goldfische sind gute Wärmeseher. Goldfische wegen des oft trüben Wassers, in dem sie schwimmen, wo kaum Licht durchkommt. Gelsen bestimmt, damit sie mich in der Nacht besser finden können.

Pflanzen haben sich unter unserer gelben Sonne entwickelt. Sie sehen grün aus, weil sie das grüne Licht nicht verwenden, sondern reflektieren. Pflanzen auf Planeten um kühlere, rote Sterne sollten schwarz erscheinen, da sie möglicherweise alle Energie ihres Sterns verwenden würden. Pflanzen auf Planeten um heißere Sterne könnten wieder andere Farben haben. Theoretisch müssten sie bläulich erscheinen, da sie wahrscheinlich das hochenergetische Licht ihres Sterns nicht verwenden, sondern reflektieren würden. Solche Planeten würden fremd aussehen.

Andere Welten entwickeln vielleicht auch gar keine Pflanzen, sondern ganz andere Lebensformen. Unsere Erde ist der einzige Planet mit Leben, den wir kennen. Aber nur weil er so ist, wie er ist, heißt das noch lange nicht, dass jeder andere Planet, der Leben beherbergt, auch so sein muss. Ein Forscher muss da für alle Eventualitäten offen sein.

Gut gewappnet gegen die Widrigkeiten des Universums

Rund um die Uhr eine rote Sonne am Himmel, das wäre für uns sehr seltsam. Aber für die Entwicklung von Leben sollte es kein Problem darstellen. Kein Mond am Firmament? Für die Entwicklung von Leben wohl kein größeres Hindernis. Unser Mond stabilisiert zwar das Erdklima. Und ohne ihn gäbe es auf der Erdoberfläche höhere Temperaturschwankungen. Aber Leben im Ozean spürt solche Temperaturschwankungen kaum. Und wenn sich Leben über Milliarden Jahre in einer Umgebung mit Temperaturschwankungen entwickelt, sollte es auch kein Problem haben, dort zu gedeihen.

Die Vielfalt von Leben allein auf unserem Planeten zeigt, dass *lebensfreundlich* viel mehr bedeutet als: *Wir Menschen könnten dort ohne Raumanzüge spazieren gehen.*

Wenn wir uns Lebewesen vorstellen, gehen wir meistens von irdischen Bedingungen aus. Dann wäre vieles ein Problem, zum Beispiel eine erhöhte Strahlung. Auf unserer Erde schützt uns die Ozonschicht davor, deshalb mussten wir uns nie strahlungsresistent entwickeln. Die kleinen Wasserbären hätten kein Problem, wenn die Ozonschicht fehlt oder die Sonne mehr UV-Strahlung abstrahlt. Lebensformen auf einem Planeten mit anderen Bedingungen würden sich vermutlich genau für diese Bedingungen entwickeln.

Besonders als Wissenschaftler müssen wir aufpassen, dass sich keine zu festgefahrenen Erwartungen in unser Denken schleichen und wir andere Welten als uninteressant abwerten, weil sie nicht in eine bestimmte Schablone passen. Aber da Neugierde eine der treibenden Kräfte der Wissenschaft ist, halten sich solche Schablonen nicht lange, bis sie jemand bemerkt und korrigieren kann.

Die unzähligen Facetten anderer Lebensformen werden jetzt übrigens auch erstmals rein theoretisch berechnet. Diese Modelle helfen uns, mögliche Spuren von Leben auf anderen Erden nicht zu verpassen. Auch wenn sie notwendigerweise auf unseren bekannten Arten des Lebens basieren. Danach versuchen wir, sie am Computer an das Licht eines anderen Sterns anzupassen. Oder an einen Planeten mit einer höheren Schwerkraft. Es handelt sich dabei nur um winzige Änderungen. Da draußen muss es – wenn es Leben gibt – von Überraschungen nur so wimmeln.

Der nächste Top-Planet

Wenn die Farbe des Planeten allein uns nicht sagen kann, welches Leben es dort gibt, was machen wir dann? Erst halten wir die Augen offen nach den Planeten im richtigen Abstand zu ihrem Stern – in der Habitablen Zone. Dann suchen wir uns diejenigen heraus, die klein genug sind, um Felsplaneten zu sein. Danach spalten wir ihr Licht in die Farben Rot, Grün und Blau auf. Die Planeten, die in dieses Lebensfarbband fallen, sind dann unsere besten Ziele, die wir mit den großen Teleskopen lange beobachten werden. Während dieser langen Beobachtungen suchen wir dann nach den Lebensspuren im Licht-Fingerabdruck des Planeten. Aber welches Leben diese Spuren generiert, können wir noch nicht messen. Wenn es nur Lebensformen wie auf der Erde gäbe, könnten wir mit noch genaueren Messungen der Luft des Planeten, der Farbe der Oberfläche und der dominanten Lebensform eindeutigere Resultate erzielen. Aber andere Lebensformen werden uns überraschen. Wir können nur unsere Augen für interessante, ungeklärte Spuren offen halten.

Fremde Welten

Wenn wir die Zeit zurückdrehen und noch einmal bei der Geburt unserer Erde beginnen könnten, würde sich die Erde wieder genau gleich entwickeln? Die kosmischen Bedingungen – eine gelbe Sonne, ein Mond – wären ja gleich. Und wenn man sie nur ein ganz klein wenig abändern würde, z. B. etwas mehr Wasser, sodass unsere Kontinente bedeckt blieben, würden sich dann ähnliche Lebewesen entwickeln? Oder würde so eine andere Welt eine ganz andere Route einschlagen und entweder keine oder ganz andere Lebewesen erzeugen? Diese Fragen können wir nur durch den Blick auf andere Welten erforschen. Mit den ersten möglichen Erden unter den entdeckten neuen Welten werden wir sehen, ob unsere Erde etwas Besonderes ist oder – hoffentlich – ein ganz normaler, bewohnter Planet unter vielen.

WIR BEGANNEN
ALS WANDERER
UND WIR WANDERN
NOCH IMMER.
WIR HABEN LANGE
GENUG
→ AM UFER DES
KOSMISCHEN
OZEANS VERWEILT.
NUN SIND WIR -
ENDLICH - BEREIT,
DIE SEGEL ZU SETZEN,
MIT KURS AUF DIE
NÄCHSTEN STERNE.

CARL SAGAN
- WISSENSCHAFTLER -

8.

Kapitel

DIE TOP TEN DER PLANETEN,

DIE UNSER WELTBILD REVOLUTIONIERT HABEN

Die Erforschung neuer Planeten hat in den letzten Jahren wahnsinnige Fortschritte gemacht. Mit jedem neuentdeckten Exoplaneten wächst unser Horizont. Ein paar davon sind ganz besonders überraschend und spektakulär und die zehn ungewöhnlichsten Welten besuchen wir jetzt.

Welche Welten es in die Top-Ten-Liste schaffen, kommt immer darauf an, wer die Liste macht. Ich habe mich für jene Exoplaneten entschieden, die unser Weltbild verändert haben. Manche waren spektakuläre Entdeckungen und in jeder Nachrichtensendung, um andere gab es kaum Rummel. Doch jede dieser Welten war ein faszinierendes Rätsel und die erste ihrer Art.

Leicht zu finden war keine von ihnen. Diese Messungen werden am Rand des technisch Möglichen gemacht. Sie sind schwierig und nehmen viel Zeit in Anspruch. Aber diese Entdeckungen machen neugierig auf das, was noch kommt. Astronomen messen jetzt schon Mega-Stürme auf einem der heißesten Exoplaneten und untersuchen, ob es allein durchs All fliegende Steppenwolf-Planeten gibt. Aber un-

WO ES WELCHE ARTEN VON PLANETEN GIBT

HEISSER
JUPITER

SUPER-
ERDE

EISGIGANT

LAVA-
PLANET

MINI-
NEPTUN

HABITABLE ZONE

GAS-RIESE

WASSERWELT

STEPPENWOLF-
PLANET

EXOPLANETEN-SUCHRADIUS
IN DER MILCHSTRASSE

HIER

Wir haben erst einen
kleinen Teil unserer
Milchstraße auf
Planeten abgesucht.

ter den entdeckten Welten und in den Top Ten finden sich auch schon die ersten Felsplaneten in der Habitablen Zone. Unsere Reise habe ich chronologisch sortiert, bis auf die letzte Welt. Diese Welt, die um den Kern eines explodierten Sterns kreist, ist die seltsamste unter den gefundenen. Die sehen wir uns als Abschluss an, als Erinnerung und Denkanstoß, wie unterschiedlich Exoplaneten sein können.

Leider gibt es am Rande des technisch Möglichen auch manchmal herbe Enttäuschungen. Denn manche Entdeckungen verschwinden wieder, weil sie Teil des rauschenden Hintergrundlärms sind, den wir gerade erst zu unterscheiden lernen. Es kann passieren, dass bei so schwierigen Messungen ein Signal »vorgetäuscht« wird. So wie bei der vermeintlichen Entdeckung des Planeten *Gliese 581g*, der unter den ersten möglichen Felsplaneten in der Habitablen Zone war. Er wurde erst gefeiert, aber dann von anderen Astronomen leider als Hintergrundlärm in den Aufnahmen identifiziert.

Aber allen Schwierigkeiten zum Trotz führt uns dieses entschlossene Staunen und die Neugierde, die jeder Niederlage trotzt, immer weiter in unserer Suche nach Antworten. Denn jede Welt lehrt uns ein wenig mehr, wie ein Planet tickt und wie unsere Erde funktioniert.

Wir wissen noch so wenig. Doch das heißt auch, es bleibt aufregend. Jeder Felsplanet, den wir entdecken, könnte eine trostlose Einöde oder ein Paradies sein. Er könnte auch erdähnlich sein. Wir arbeiten daran, Kriterien zu bestimmen, was einen lebensfreundlichen Planeten auszeichnet. Ist ein größerer Planet besser? Ein kleinerer? Oder einer, der genauso schwer ist wie die Erde? Macht die Farbe seiner Sonne einen Unterschied? Welcher davon erdähnlicher ist, kann noch niemand sagen – was natürlich ein paar Leute nicht davon abhält, es trotzdem zu tun und die Entdeckung einer *Beinahe-Erde* zu vermelden. Aber auch ohne den Zusatz *erdähnlich* haben einige der entdeckten Top-Ten-Exoplaneten unsere Vorstellungen, was auf einem anderen Planeten normal sein kann, ganz schön ins Wanken gebracht.

1. 51 Pegasus b (1995) – der erste Heiße Jupiter

51 Pegasus b ist der erste entdeckte Exoplanet um eine andere normale Sonne. Seine Sonne ist gleich schwer wie unsere und circa 50 Lichtjahre weit von der Erde entfernt. Sie ist mit bloßem Auge am Nachthimmel im Sternbild Pegasus zu finden.

Aber 51 Pegasus b ist ein Planet, den es in unserem Sonnensystem nicht gibt. Er umkreist seine Sonne in nur vier Tagen. Er ist mindestens halb so schwer wie Jupiter und durch die Nähe zu seinem Stern extrem heiß, geschätzt an die 1000 Grad Celsius. Er bekommt fast 50-mal so viel Energie ab wie die Erde. Wie groß 51 Pegasus b ist, wissen wir nicht, weil wir nur das Wackeln seines Sterns sehen. Durch seine Masse und Nähe zu seinem Stern war er der erste und damals einzige Heiße Jupiter. Er war einfacher zu finden, weil er in so kurzer Zeit um seinen Stern kreist. Das Wackeln seines Sterns, 51 Pegasus, verrät seine Existenz schon nach fünf Tagen Beobachtung. Im Vergleich dazu müsste man die Sonne ein Jahr beobachten, um unsere Erde von weit weg zu entdecken.

Verblüfft hat alle, dass es einen Gasplaneten geben kann, der nur ein paar Tage braucht, um seine Sonne zu umrunden. Denn so nahe am Stern kann er wegen der Hitze – wie wir wissen – eigentlich nicht entstehen. Er muss erst nach seiner Entstehung dorthin gelangt sein. Darum waren Wissenschaftler trotz eindeutiger Beweise lange noch skeptisch, obwohl weitere Heiße Jupiter durch das Wackeln ihrer Sterne entdeckt wurden. Vielleicht waren diese Sterne seltsam und ihr Wackeln eine falsche Fährte. Erst als einer der Exoplaneten auch mit einer anderen Methode entdeckt wurde, war es sicher. Es mussten heiße Gasplaneten sein, die die Sterne zum Wackeln brachten.

2. HD 209458 b (1999) – das erste Schattenspiel einer anderen Sonne

HD 209458 b ist der erste Planet, der mit zwei unterschiedlichen Methoden – Wackeln *und* Verdunklung seines Sterns – entdeckt wurde. Sein Stern, HD 209458, ist unserer Sonne sehr ähnlich, er ist nur 10 Prozent schwerer und liegt circa 150 Lichtjahre von der Erde entfernt im Sternbild Pegasus. Sein Planet ist wie 51 Pegasus b kein Planet, den wir erwartet hatten.

Ein Jahr auf HD 209458 b ist noch kürzer als auf 51 Pegasus b, es dauert nur dreieinhalb Erdtage. Dadurch ist es auch auf HD 209458 b extrem heiß. Messungen zeigen Temperaturen von mindestens 750 Grad Celsius. HD 209458 b hat zementiert, dass diese heißen Planeten wirklich Gasplaneten sind. Dieser Exoplanet hat 70 Prozent der Masse von Jupiter und ist um 30 Prozent größer, also ist er ein Gasplanet mit geringer Dichte. Er und die meisten anderen Heißen Jupiter sind eine aufgeplusterte Version unseres Jupiters. Das ist durch die enorme Temperatur erklärbar.

Und HD 209458 b wird langsam immer leichter. Wir beobachten, wie er durch die extreme Hitze einen Teil seiner Atmosphäre verdampft. Mit genauen Doppler-Messungen während einer Verdunklung können für so heiße Planeten sogar die Windgeschwindigkeiten bestimmt werden. Eine Art Hurrikan-Vorhersage für andere Welten. Denn HD 209458 b wird von Winden mit über 7000 Stundenkilometern heimgesucht. Wenn Heiße Jupiter ihre Atmosphären verdampfen, was bleibt dann von ihnen übrig?

3. Corot-7b (2009) – die erste Lava-Welt

Corot-7b ist die erste kleine Lava-Welt, die wir im All gefunden haben. Ein Felsplanet wie die Erde, aber aufgeheizt auf mehr als 1000 Grad. Es gibt Meere auf Corot-7b. Sie sind aus glühender Lava. So nah an seinem Stern muss der gesamte Felsen geschmolzen sein und überzieht den Planeten komplett mit Lava.

Sein Stern, Corot 7, ist etwas kleiner als unsere Sonne und liegt fast 500 Lichtjahre von der Erde entfernt im Sternbild Monoceros (Einhorn). Corot-7b selbst ist eineinhalb Mal so groß wie unsere Erde. Er verdunkelt seinen Stern alle 20 Stunden. Ein Jahr auf Corot-7b ist dadurch kürzer als ein Erdtag. Nach dieser Entdeckung suchten Forscher in einem internationalen Team seinen Stern nach den minimalen Wackelspuren ab. Die kurze Umrundungsphase von 20 Stunden hilft zwar, aber Corot-7b ist so leicht, dass er kaum am Stern zieht und dessen winziges Wackeln extrem schwer messbar ist. Nur mit den größten Teleskopen unter den besten Bedingungen war dies überhaupt möglich. Doch nur dieses Wackeln bestätigte, dass Corot-7b wirklich ein Felsplanet ist. Er ist um die acht Erdmassen schwer.

Merkur ist in unserem Sonnensystem der Felsplanet, der unsere Sonne am engsten umkreist. Er ist heiß, wenn auch nicht so heiß wie Corot-7b. Merkur hat keine Luftschicht, weshalb es im Licht und Schatten extreme Temperaturunterschiede gibt. Gold und Eisen schmelzen im Sonnenlicht auf der Tagseite, während auf der Nachtseite ziemlich alles gefriert.

Corot-7b ist zu heiß für Leben. Bei diesen Temperaturen kann Leben, nach unserem Verständnis, nicht bestehen, weil die individuellen Bindungen, die die Zellen zusammenhalten, brechen. Für Corot-7b tauchte die Idee auf, dass es möglicherweise zwischen so einer extrem heißen Tagseite und einer extrem kalten Nachtseite eine Dämmerungszone geben könnte, wo es dann angenehm warm wäre.

Nehmen wir die Idee genauer unter die Lupe. Das Problem dabei ist, dass es so eine warme Dämmerungszone zwischen Extremtemperaturen nur auf Planeten mit ganz dünner oder keiner Lufthülle geben kann. Sobald es eine substantielle Lufthülle gibt, generieren solche extremen Temperaturunterschiede starke Winde, die die Temperatur auf beiden Seiten des Planeten angleichen. So wie hier auf der Erde. Diese Dämmerungszone würde außerdem kontinuierlich über den Planeten wandern. Sie läge immer genau dort, wo gerade die Sonne aufgeht. Leben, das mit ganz wenig Luft auskäme, müsste sich also immerzu fortbewegen, um nicht geschmolzen zu werden oder einzufrieren. Also auch, wenn es gerade entsteht, was diese Idee fast unmöglich macht. Im Fall von Corot-7b, einer Lavawelt, die so nah um ihren Stern kreist, hieße das auch noch, dass die glühende Lava auf der Tagseite auskühlen müsste, bevor sich irgendetwas darüber hinweg fortbewegen könnte.

Nur wenn sich der Planet in synchron gebundener Rotation um seinen Stern bewegen würde – wie der Mond zur Erde –, dann könnte es so eine Zone auf einem Planeten mit ganz dünner Lufthülle geben. Bei den extremen Temperaturen von Corot-7b würde aber ein Teil des Planeten – und zwar der, der das Sonnenlicht abbekommt – schmelzen. Das würde wiederum eine synchron gebundene Rotation brechen.

Trotz aller kreativen Ideen ist es fast unmöglich, Lava-Welten mit Leben in Verbindung zu bringen. Aber die Gase, die aus Lava ausdampfen, sind charakteristisch für das Gestein. Das heißt, obwohl diese Lava-Welten für Leben nicht interessant sind, könnten sie uns Einblicke geben, woraus diese heißen Felsplaneten um andere Sonnen genau bestehen.

4. Gliese 581d (2009) – die erste Super-Erde in der Habitablen Zone?

Das Gliese-581-Planetensystem liegt ganz in unserer Nähe, nur 20 Lichtjahre weit weg im Sternbild Libra (Waage). Es wurde schon viel darüber geschrieben, denn dort haben wir die erste mögliche Super-Erde überhaupt entdeckt – und zwar gleich drei Mal hintereinander. Die Planeten um den roten Stern, Gliese 581, waren die ersten Exoplaneten in der Habitablen Zone, deren Minimalmasse die damaligen Fels-Kriterien von unter zehn Erdmassen erfüllten. Wie im Kapitel 5 unter die Lupe genommen, können diese Planeten in Wirklichkeit um einiges schwerer sein. Gliese 581 ist nur circa 30 Prozent so schwer wie unsere Sonne und schon etwas älter als sie.

Dadurch, dass die Planeten *Gliese 581c* und *Gliese 581d* so leicht sind – beide haben circa sechs Erdmassen Minimalmasse –, waren die Radialgeschwindigkeitsmessungen trotz des massearmen Sterns extrem schwierig.

Erst wurde der zweite Planet, Gliese 581c, als zweite Erde gefeiert. Dadurch, dass der Stern Gliese 581 eine rote Sonne ist, liegt Gliese 581c bei genaueren Analysen schon nicht mehr in der Habitablen Zone und zu nahe am Stern. Eine erdähnliche Atmosphäre reflektiert blaues Sternenlicht effektiver als rotes. Daher erreicht mehr Licht einer roten als einer gelben Sonne den Boden und heizt den Planeten auf. Gliese 581c ist deshalb auch zu heiß.

Gliese 581 war die erste rote Sonne, wo Astronomen so leichte Planeten in der Habitablen Zone fanden. Dadurch wurden solche Modelle damals erst entwickelt. Sie zeigten, dass Gliese 581c als Felsenplanet mehr einer Venus gleicht. Der dritte Planet im System weiter draußen, Gliese 581d, bekommt zwar weniger Strahlung von seinem Stern ab als Mars von der Sonne, aber mit viel Treibhausgasen wäre er eine lebensfreundliche Welt. Das sollte funktionieren, wenn er wie die Erde geologisch aktiv ist. Das heißt, Gliese 581d wurde zur ersten möglichen Super-Erde. 25.000 Nachrichten wurden im August 2009 im Rahmen der Australischen Weltraumwoche von einem 70-Meter-Radioteleskop in Australien zu Gliese 581 gesandt. Sozusagen als erstes »Hallo von der Erde« mit kurzen Grüßen aus 195 Ländern.

Die Bekanntgabe eines weiteren leichten Planeten mit einem Minimalgewicht um die vier Erdmassen in der *Mitte* der Habitablen Zone, Gliese 581g, machte diese Super-Erde zu einem noch interessanteren Planeten. Leider musste er wieder von der Liste gestrichen werden. Doch kein Planet. Kurzzeitig wurde auch einmal das Signal von Gliese 581d angezweifelt, aber weitere Untersuchungen bestätigten seinen Planetenstatus. Das Planetensystem Gliese 581 hat uns inmitten der

GLIESE 581D

Begeisterung um Erstentdeckungen einer möglichen Super-Erde so einiges beigebracht.

5. GJ 1214b (2009) – der erste Mini-Neptun

Im gleichen Jahr, in dem wir die erste mögliche Super-Erde um den Stern Gliese 581 entdeckt haben, fanden wir auch eine ganz neue Klasse von Planeten, die es – wie die Super-Erden und die Heißen Jupiter davor – in unserem Sonnensystem nicht gibt. Es handelt sich um kleine Gasplaneten, die nur etwas mehr als doppelt so groß sind wie unsere Erde. Aber sie sind im Vergleich zu Felsplaneten leichter, weil sie wie Jupiter und Neptun zum Großteil aus Gas bestehen.

Der Planet *GJ 1214b* ist der erste Mini-Neptun, der durch die Verdunklung seines Sterns von der Erde aus erspäht wurde. Er kreist um einen kleinen, roten Stern, der an die 42 Lichtjahre von der Erde entfernt liegt. Sein Stern liegt im Sternzeichen Ophiuchus (Schlangenträger). Er wiegt nur 15 Prozent der Sonnenmasse und hat 20 Prozent ihres Radius. Darum konnten Astronomen den kleinen Planeten von der Erde aus überhaupt erspähen. Er deckt viel von der Oberfläche seines kleinen Sterns ab. GJ 1214b ist circa zweieinhalbmal so groß wie die Erde. Durch das Wackeln seines Sterns kennen wir auch seine Masse, er ist circa sechsmal so schwer wie die Erde. Weil er seinen Stern verdunkelt, ist die gemessene Minimalmasse auch die tatsächliche Masse von GJ 1214b. Das heißt, er ist ein Mini-Gasplanet, der erste Mini-Neptun.

Für Super-Erden, die wir durch das Wackeln des Sterns finden, kennen wir die Radien nur, wenn sie ihren Stern noch dazu abdecken. Das ist aber unwahrscheinlich, da nur an die zehn Prozent aller Planeten ihren Stern – von uns aus gesehen – verdunkeln. Dadurch können wir meist nicht sagen, ob es sich bei Exoplaneten um Super-Erden oder Mini-Neptune handelt. Es besteht Verwechslungsgefahr, besonders, wenn wir nur die Masse des Planeten kennen. Wohlmöglich sind die ersten Mini-Neptune schon vor GJ 1214b gefunden und als Super-Erden deklariert worden.

Über viele Exoplaneten wissen wir noch nicht, ob sie Gasbälle oder Felsbrocken sind. Unter den Exoplaneten, von denen wir Masse und Radius kennen, wir also wissen, ob sie Fels- oder Gasplaneten sind, sehen wir, dass Planeten unter zwei Erdradien und unter zwei Erdmassen Felsplaneten sind. Darüber hinaus mischen sich bei beiden Methoden Gasplaneten mit Felsplaneten, und wir müssen beide Größen kennen, um sie unterscheiden zu können. Je größer ein Exoplanet ist, desto wahrscheinlicher ist er ein Gasplanet. Aber es gibt natürlich immer Ausnahmen, die wieder gar nicht in unser Schema passen wollen.

6. Kepler-10c (2011) – die erste Mega-Erde

Der Stern Kepler-10 liegt etwas mehr als 500 Lichtjahre von der Erde entfernt im Sternbild Draco (Drache). Er ist so groß wie unsere Sonne und wird von zwei Planeten verdunkelt. Der innere ist die zweite entdeckte Lava-Welt, Kepler-10b, die eineinhalbmal so groß und etwas mehr als dreimal so schwer ist wie die Erde. Sie ähnelt Corot-7b und umkreist ihren Stern auch in nur 20 Stunden. Aber Kepler-10b ist nicht allein.

Der zweite Planet, *Kepler-10c*, umrundet in 45 Tagen seinen Stern. Er ist nur mehr ein paar Hundert Grad Celsius heiß. Kepler-10c ist fast zweieinhalbmal so groß wie die Erde, was ihn zu einem Mini-Neptun machen sollte. Aber er ist auch fast 20-mal so schwer wie unsere Erde. Dadurch ist er ein Felsplanet.

Kepler-10c ist eine Mega-Erde, der »Godzilla« der Felsplaneten, und hat unsere Vorstellung, was noch ein Felsplanet sein kann, wieder umgeworfen. Eine Erklärung wäre, dass Lava-Welten und heiße Mega-Erden bloßgelegte Felskerne verdampfter Gasplaneten sind. Sie könnten deshalb größer sein als zwei Erdradien, aber trotzdem aus

Fels bestehen, weil alles Gas verdampft wäre. Das heißt, wenn es heiß genug ist, kann auch ein größerer Planet manchmal ein Felsplanet sein. Kepler-10c steht noch allein als großer Mega-Felsplanet da. Vielleicht ist er einzigartig, vielleicht werden wir noch viele ähnliche Exemplare finden.

7. Kepler-16b (2011) – die erste Welt um zwei Sonnen

Wenn man auf *Kepler-16b* stünde, sähe man zwei Sonnen am Himmel. Der Planet wurde mit dem fiktiven Planeten *Tatooine* aus Star Wars verglichen. Kepler-16b ist aber kein Fels-, sondern ein Gasplanet. Von einem möglichen Mond, der um ihn kreist – Monde um Exoplaneten haben wir aber noch nicht entdeckt –, könnte man zwei Sonnen und den Gasplaneten am Himmel sehen. Das müsste ein beeindruckender Anblick sein.

Der Doppelstern Kepler-16a und -b liegt fast 200 Lichtjahre von der Erde entfernt und besteht aus einem orangen und einem roten Stern, die circa 0,6- und 0,2-mal so groß wie die Sonne sind. Der Planet Kepler-16b umkreist und verdunkelt beide Sterne im äußeren Teil ihrer Habitablen Zone in 228 Tagen. Die zwei Sterne wärmen den Planeten. Abhängig von ihrer relativen Bewegung umeinander kann mal die eine Sonne und mal die andere dem Planeten näher sein. 2014 hat Kepler-16b, von uns aus gesehen, aufgehört, die kleinere seiner beiden Sonnen zu verdunkeln. Was aufzeigt, dass sich die Geometrie, unter der wir ein anderes Planetensystem sehen, auch ändern kann. Er wird erst in ein paar Jahren wieder beide seiner Sonnen verdunkeln.

Aber zwei Sonnen sind noch gar nichts. Bis zu vier Sonnen können am Himmel der neu entdeckten Welten stehen. Der Stern Kepler-64 liegt 5000 Lichtjahre von der Erde entfernt und ist Teil eines Vierfachsternsystems im Sternbild Cygnus (Schwan). Je zwei der vier Sterne umkreisen sich als Doppelsterne. Aber auch beide Doppelster-

MOND VON KEPLER-16B

ne umkreisen einander. Einer dieser Doppelsterne hat einen Gasplaneten, Kepler-64b, der circa sechsmal so groß ist wie die Erde. Dieser Planet ist auch deshalb spannend, weil er von Amateurastronomen in den Kepler-Daten gefunden wurde. Die automatische Software, die nach solchen Verdunklungen sucht, war nicht auf einen Planeten vorbereitet, der einen Doppelstern in einem Vierfachsternsystem umkreist. Via Internet kann aber heute jeder bei der Suche nach anderen Welten mithelfen, so wie die beiden Amateurastronomen aus den USA.

8. Kepler-62e & 62f (2013) – die ersten beiden Super-Erden in der Habitablen Zone

Bei diesen beiden handelt es sich um alte Bekannte. Über ein Jahr hat es gedauert, bis unser Team sie genau untersuchen und die Entdeckung bestätigen konnte. Der Stern Kepler-62 ist ein kleinerer, oranger Stern mit 70 Prozent der Sonnenmasse und mindestens sechs Planeten. Er ist etwas mehr als halb so groß wie unsere Sonne und liegt in 1200 Lichtjahren Entfernung von der Erde im Sternbild Lyra (Leier). Zwei davon, *Kepler-62e* und *Kepler-62f*, kreisen in der Habitablen Zone ihres Sterns.

Kepler-62e ist 60 Prozent größer als unsere Erde, Kepler-62f 40 Prozent. Der Stern ist zu weit weg, um die Masse seiner Planeten durch das Wackeln ihres Sterns bestimmen zu können. Aber durch ihre Größe sind sie höchstwahrscheinlich Felsplaneten, da sie jeweils kleiner als zwei Erdradien sind. Beide Planeten könnten lebensfreundlich sein. Kepler-62e wäre etwas heißer durch seine größere Nähe zur Sonne. Kepler-62f, der äußere Planet in der Habitablen Zone, bräuchte mehr Treibhausgase, um warm zu bleiben. Beide könnten bei ihrer Entstehung auch um einiges mehr Wasser als die Erde angesammelt haben, das nun die gesamte Oberfläche bedecken könnte. Möglicherweise sind sie sogar beide komplette Wasserwelten.

KEPLER-62F

Wenn wir auf Kepler-62e stehen würden, dann sähen wir Kepler-62f am Nachthimmel. Zwei möglicherweise lebensfreundliche Planeten – ganz nah beieinander.

Beim Wettbewerb um den Titel des erdähnlichsten Planeten liefert die Kepler-Mission weitere Kandidaten, zum Beispiel Kepler-186f, der in circa 500 Lichtjahren Entfernung zur Erde um einen roten Stern kreist. Er ist nur zehn Prozent größer als unsere Erde und in der Habitablen Zone. Im Jahre 2014 gehörte ihm kurzfristig der Titel des erdähnlichsten Planeten. Dann kam *Kepler-452b*. Er umrundet in 1400 Lichtjahren Entfernung von der Erde seinen Stern. Er ist 60 Prozent größer als die Erde und kreist in der Habitablen Zone einer anderen gelben Sonne. Er holte 2015 den begehrten Titel des erdähnlichsten Planeten. Zu dieser Liste, die auf der Sternkarte auf der Innenseite des Buchcovers verzeichnet ist, kommen immer mehr Namen dazu. Momentan gibt es fast ein Dutzend Kepler-Planeten, die kleiner als zwei Erdradien sind und in der Habitablen Zone ihrer Sonnen liegen. Und weitere werden noch untersucht.

Aber welcher ist der erdähnlichste? Ohne ihren Licht-Fingerabdruck können wir das nicht sagen. Diese Kepler-Planeten sind Hunderte bis Tausende von Lichtjahren entfernt und noch können wir nicht genug ihres Lichts einfangen. Sie werden ihre Geheimnisse noch eine Weile für sich behalten.

9. Alpha Centauri Bb (2012) – der wackelnde Stern von nebenan

Die am nächsten gelegene fremde Welt in etwas mehr als vier Lichtjahren Entfernung umkreist einen der drei Sterne im Alpha-Centauri-System. Alpha Centauri besteht aus drei Sternen: Alpha Centauri A, einem gelben Stern wie unsere Sonne, und Alpha Centauri B, einem orangen Stern, der zehn Prozent leichter ist als unsere Sonne. Sie umkreisen einander in 80 Jahren. Der dritte Stern, Proxima Centauri, ist ein roter Stern, der halb so schwer ist wie unsere Sonne und sehr weit weg von den anderen beiden liegt. Er braucht Tausende Jahre, um Alpha Centauri A und B zu umrunden.

2012 gaben Astronomen einen leichten Planeten mit einer Minimalmasse knapp über der Erdmasse, *Alpha Centauri Bb*, der in nur dreieinhalb Tagen um seinen Stern kreist, bekannt. Es ist extrem heiß auf dem kleinen Planeten, aber er ist deshalb interessant, weil kleine Planeten meist nicht allein ihren Stern umkreisen. Der kleine Alpha Centauri Bb könnte also ein Hinweis auf andere kleine Planeten im gleichen System sein, die wir nur noch nicht gefunden haben. Ein kleiner Planet in der Habitablen Zone unseres nächsten Sterns, das wäre ein perfektes Reiseziel für unbemannte Missionen. Auch wenn es lange dauern würde, wäre das im Kosmos unser nächstes Ziel.

10. PSR B1257+12 A, B und C – die ersten Welten um Kerne explodierter Sterne

Die seltsamsten Planeten waren auch die ersten erdschweren Planeten, die schon 1992 von dem polnischen Astronomen Aleks Wolszczan gefunden wurden. Sie tragen die schönen Namen PSR B1257+12 A, B und C. Sie umkreisen keine andere Sonne, sondern die Überreste ihres Sterns, einen sogenannten *Pulsar*, PSR B1257+12. Er liegt in tausend Lichtjahren Entfernung von der Sonne im Sternbild Virgo (Jungfrau). Ein Pulsar ist ein Neutronenstern, das heißt der Überrest eines massereichen, explodierten Sterns. Ein Teelöffel voll Pulsar wäre schwerer als der Mount Everest. So dicht ist das Material. Manche dieser Pulsare drehen sich schneller als ein Mixer, bis zu 700-mal pro Sekunde.

1992 waren diese seltsamen Welten die ersten Exoplaneten, die je entdeckt wurden. Es war auch das allererste Planetensystem mit zwei Planeten, das entdeckt wurde. Und die ersten zwei Super-Erden, die wir erspähten. Aber sie umkreisen eben keinen Stern wie unsere Sonne, sondern nur Sternenreste. Was sind diese Objekte? Die Überreste eines großen Planeten, der zum Teil bei der Explosion mitgerissen wurde? Oder die Überreste eines Braunen Zwergs? Oder haben sie sich nach der Explosion aus dem übrig gebliebenen Material geformt? Letzteres ist wahrscheinlicher, weil kaum etwas so eine gewaltige Explosion in der Nähe überleben kann. Der Entdecker nennt sie »Planeten zweiter Generation«. Aber ihre Bausteine müssen ganz anders sein als die der Planeten, die wir kennen, deren Stern noch nicht neben ihnen explodiert ist. Und ihr Stern scheint nicht mehr. Es sind die rätselhaftesten Welten, die Planeten, wie wir sie kennen, in keiner Weise gleichen.

Planetensysteme überall

Bevor wir die einzelnen Top-Ten-Welten ganz hinter uns lassen, sehen wir uns noch kurz andere Planetensysteme an. Ist unser Sonnensystem normal?

Die ersten zwei anderen Planetensysteme haben Astronomen 1999 durch das Wackeln ihrer Sterne entdeckt: 55 Cancri in 41 Lichtjahren Entfernung von unserer Sonne und Upsilon Andromedae in 44 Lichtjahren Entfernung. Beide Sterne sind der Sonne ähnlich, ihr Planetensystem aber überhaupt nicht. Fünf Planeten umkreisen 55 Cancri, einen Stern, der nur ein wenig kühler ist als unsere Sonne. Upsilon Andromedae, der etwas heißer ist als unsere Sonne, wird von vier Planeten umkreist. Diese Planetensysteme unterscheiden sich stark von unserem Sonnensystem. Heißt das, unser Sonnensystem ist einzigartig? Für diese Schlussfolgerung ist es noch zu früh, weil diese ersten entdeckten Planetensysteme nicht zeigten, welche Planetensysteme insgesamt existieren, sondern welche für uns auffindbar waren.

Das erste Foto eines anderen Sonnensystems wurde erst fast zehn Jahre später geschossen, 2008. Es zeigt zum ersten Mal auf einem Schnappschuss die vier Planeten um HR8799. Auch dieses Planetensystem ist ganz anders als unseres.

Das Planetensystem um Kepler-11 brachte als erstes Sonnensystem, das wir durch Verdunklung entdeckten, die größte Überraschung. Kepler-11 ist ein ganz ähnlicher Stern wie unsere Sonne. Er hat sechs Planeten, die ihn verdunkeln. Alle sechs sind viel zu heiß für Leben. Fünf der sechs Planeten umkreisen ihre Sonne innerhalb des Abstandes unserer Merkur-Bahn. Trotz ähnlicher Sonne ist dieses Planetensystem also viel dichter organisiert. Und Kepler-11 zeigt auch, dass es keine allgemeine Regel gibt, wo Planeten entstehen können, wie wir früher gedacht hatten. Planeten scheinen überall zu entstehen, wo sie dynamisch stabil sein können, das heißt, wo sie sich nicht gegenseitig so nahe kommen, dass sie aus ihrer Bahn geworfen werden.

Unter den Hunderten der unterschiedlichen Planetensysteme, die wir schon entdeckt haben, sticht noch eines heraus: Kepler-444. Der Stern Kepler-444 und seine Planeten sind 11,2 Milliarden Jahre alt – mehr als doppelt so alt wie unsere Sonne und die Erde. Kepler-444 ist 117 Lichtjahre von uns weg im Sternbild Leier. Er wird von fünf kleinen Planeten, die kleiner als unsere Erde sind, umkreist. Alle diese fünf Planeten sind zu heiß, um für Leben in Frage zu kommen, aber sie beweisen, dass es solche Felsplaneten schon seit Milliarden von Jahren geben kann. Das ist faszinierend. Diese Planeten waren schon älter als unsere Erde, als sie gerade entstanden ist. Wenn wir Planeten um alte Sterne finden, die in der Habitablen Zone liegen, könnten wir einen Blick in die ferne Zukunft eines erdähnlichen Planeten erhaschen. Was uns solche alten Welten wohl offenbaren könnten?

ANDERE WELTEN ALS REISEZIEL

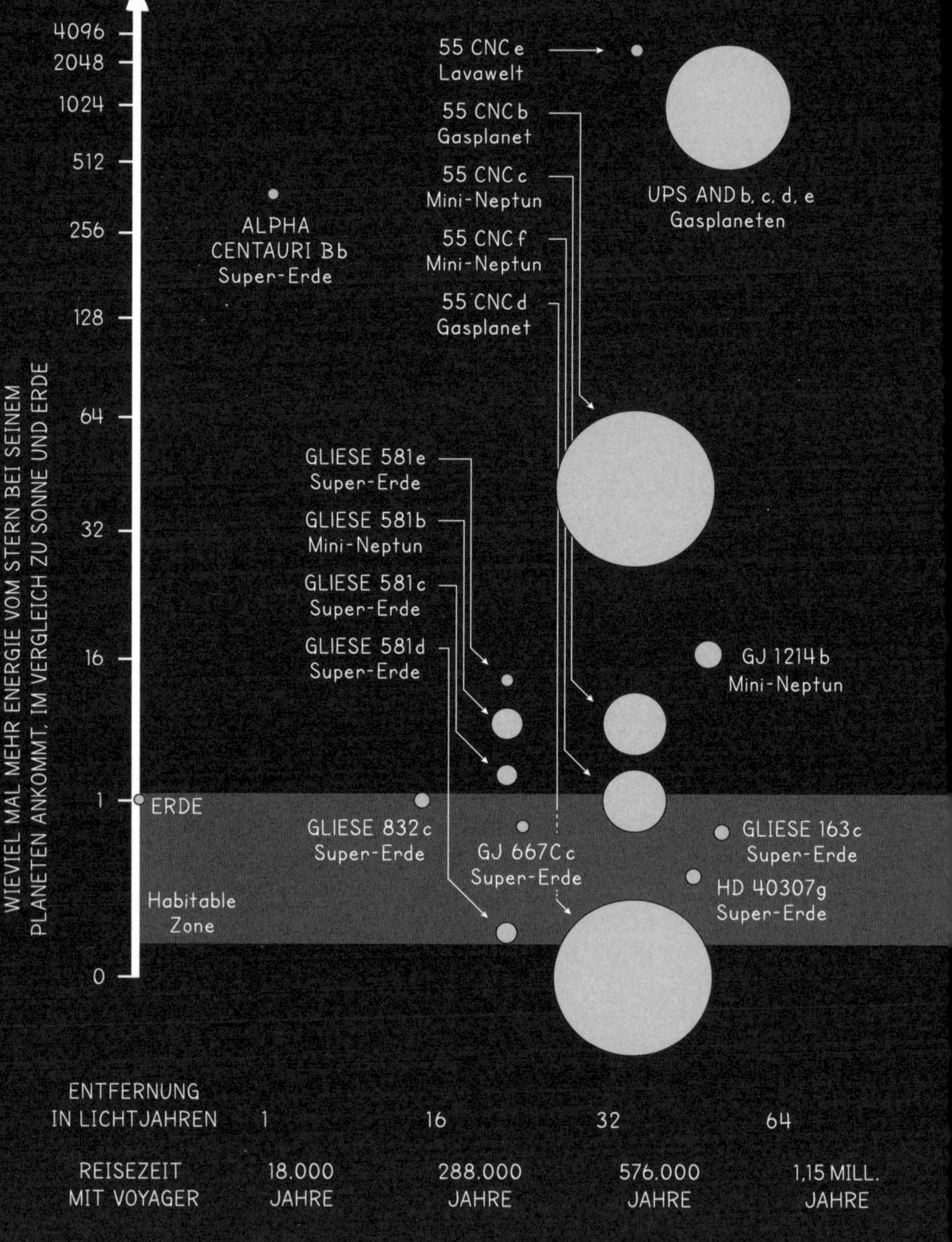

WIEVIEL MAL MEHR ENERGIE VOM STERN BEI SEINEM
PLANETEN ANKOMMT, IM VERGLEICH ZU SONNE UND ERDE

- 4096
- 2048
- 1024
- 512
- 256
- 128
- 64
- 32
- 16
- 1 — ERDE
- 0

Habitable
Zone

55 CNC e
Lavawelt

55 CNC b
Gasplanet

55 CNC c
Mini-Neptun

55 CNC f
Mini-Neptun

55 CNC d
Gasplanet

UPS AND b, c, d, e
Gasplaneten

ALPHA
CENTAURI Bb
Super-Erde

GLIESE 581e
Super-Erde

GLIESE 581b
Mini-Neptun

GLIESE 581c
Super-Erde

GLIESE 581d
Super-Erde

GJ 1214 b
Mini-Neptun

GLIESE 832c
Super-Erde

GJ 667C c
Super-Erde

GLIESE 163c
Super-Erde

HD 40307g
Super-Erde

ENTFERNUNG IN LICHTJAHREN	1	16	32	64
REISEZEIT MIT VOYAGER	18.000 JAHRE	288.000 JAHRE	576.000 JAHRE	1,15 MILL. JAHRE

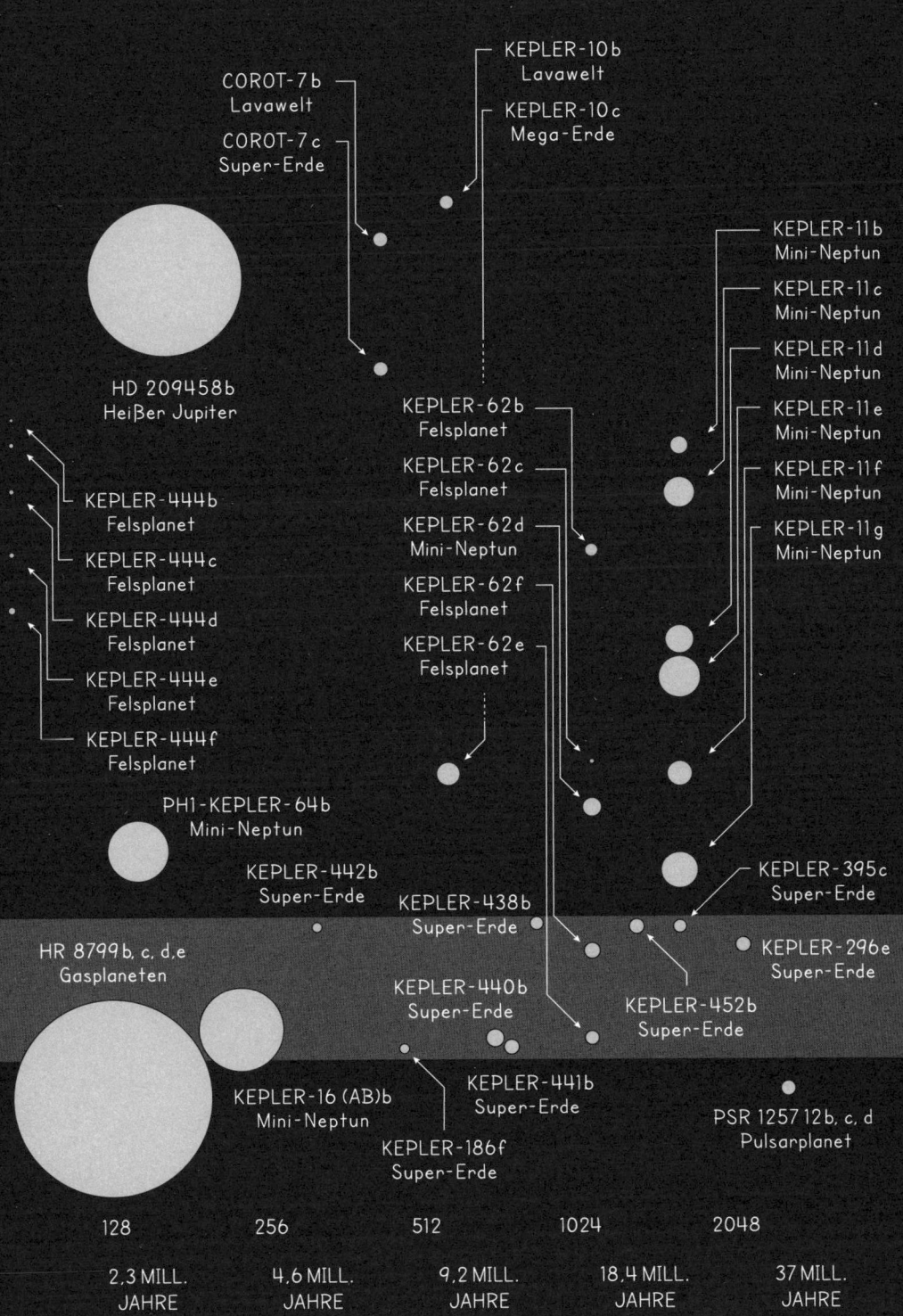

COROT-7b
Lavawelt

COROT-7c
Super-Erde

KEPLER-10b
Lavawelt

KEPLER-10c
Mega-Erde

KEPLER-11b
Mini-Neptun

KEPLER-11c
Mini-Neptun

KEPLER-11d
Mini-Neptun

KEPLER-11e
Mini-Neptun

KEPLER-11f
Mini-Neptun

KEPLER-11g
Mini-Neptun

HD 209458b
Heißer Jupiter

KEPLER-444b
Felsplanet

KEPLER-444c
Felsplanet

KEPLER-444d
Felsplanet

KEPLER-444e
Felsplanet

KEPLER-444f
Felsplanet

KEPLER-62b
Felsplanet

KEPLER-62c
Felsplanet

KEPLER-62d
Mini-Neptun

KEPLER-62f
Felsplanet

KEPLER-62e
Felsplanet

PH1-KEPLER-64b
Mini-Neptun

KEPLER-442b
Super-Erde

KEPLER-395c
Super-Erde

KEPLER-438b
Super-Erde

KEPLER-296e
Super-Erde

HR 8799b, c, d, e
Gasplaneten

KEPLER-440b
Super-Erde

KEPLER-452b
Super-Erde

KEPLER-16 (AB)b
Mini-Neptun

KEPLER-441b
Super-Erde

PSR 1257 12b, c, d
Pulsarplanet

KEPLER-186f
Super-Erde

128	256	512	1024	2048
2,3 MILL. JAHRE	4,6 MILL. JAHRE	9,2 MILL. JAHRE	18,4 MILL. JAHRE	37 MILL. JAHRE

AUSBLICK

Wie jeder andere Stern wird unsere Sonne allmählich heller. In circa einer Milliarde Jahren ist es für Leben zu heiß auf der Erde. Der Blick ans Firmament zeigt uns Tausende Sterne – und damit die Sonnen von Tausenden anderen Planeten. Nach den letzten Forschungsergebnissen und Hochrechnungen kreist um jeden zweiten Stern mindestens ein Exoplanet. Ich sage *mindestens einer*, da wir die meisten der kleineren Exoplaneten zurzeit noch nicht aufspüren können.

Jeder Blick zu diesen Sternen in den Abendhimmel lässt die Möglichkeit, andere lebensfreundliche Planeten zu finden, ein wenig mehr Realität werden. Mit den Möglichkeiten der zukünftigen Technik können wir schon bald nach Lebensspuren auf diesen Planeten suchen. Die Suche wird schwierig, aber sie ist zum ersten Mal in der Menschheitsgeschichte technisch möglich.

Diese Entdeckungsreise gleicht den Abenteuern, die Menschen schon vor Hunderten von Jahren unternommen haben, als sie mit ihren Schiffen andere Länder und Kontinente entdeckt haben. Wir fangen das Licht ein, das die Information anderer Sonnen und anderer Planeten trägt. Wir suchen nach kleinen Planeten in der Habitablen Zone um die sonnennächsten Sterne. Wir bauen Computermodelle für solche Exoplaneten, um sie aufzupüren. Diese Modelle umspannen Tausende von Planeten. Sie bringen uns gleichzeitig mehr über unseren eigenen Planeten bei. Und sie erkunden, welche Eigenschaften dieser Planetenmodelle lebenswichtig sind. Wir generieren damit riesige Datenbanken von Licht-Fingerabdrücken anderer Welten, die wir als Input für zukünftige Suchstrategien nach Lebensspuren verwenden. Wir bauen und entwerfen neue Teleskope und Instrumente, die solche Licht-Fingerabdrücke anderer Exoplaneten aufnehmen und entziffern können.

Und wir finden dabei nicht nur neue Kontinente wie damals Christoph Kolumbus, sondern ganz andere *Welten*. Wir haben noch keine Pläne für neue, interstellare Raumschiffe. Aber wir zeichnen schon die Sternkarte für die Erforschung dieser anderen Welten.

Diese Karte wird vielleicht einmal als Relikt in einem Museum landen. Dann wird sie den zukünftigen Generationen ähnlich veraltet vorkommen wie uns die alten Seefahrerkarten. Sie zeigen nichts als einen riesengroßen, unerforschten Ozean vor der Entdeckung neuer Welten. Das Weltall ist heute noch ein unerforschtes Terrain und wir zeichnen gerade erst die ersten anderen Welten auf unseren Sternkarten ein. Unser Blick richtet sich über unseren Tellerrand hinaus auf ein faszinierendes Universum.

DANKSAGUNG

Die Neugierde habe ich von meinen Eltern gelernt, die mir das optimistische, begeisterte Staunen beigebracht haben. Jede neue Welt sehe ich deshalb, weil sie mir die Begeisterung für das Leben und alles Unerforschte mitgegeben haben. Ich muss sagen, ich habe riesiges Glück gehabt. Danke reicht lange nicht aus. Sie haben mir beigebracht, meinen Träumen zu folgen, egal, wohin sie mich verschlagen.

Dabei haben sich Filipes und meine Wege gekreuzt. Ein wunderschöner Zufall in den Weiten des Kosmos, über den ich mich jeden Tag erneut freue, ein Partner für dick und dünn und dazu noch zum Pferde stehlen.

Mandy hat nicht nur die wunderbare Gabe, die kompliziertesten Konzepte und Ideen gekonnt und unterhaltsam darzustellen, sie ist dazu noch ein kreativer, begeisterter Komplize. Die meisten Illustrationen in diesem Buch gibt es nirgends anderswo. Nicht einmal angedacht, weil diese Forschung gerade keine Zeit dazu hat, innezuhalten. Aber Mandy hat die vielen verschnörkelten Ideen brillant durchschaut, fassbar gemacht und sie mit einem herrlichen Schmunzeln zu Papier gebracht.

Birgit, Jana-Maria und Caroline sind wunderbare Wegbegleiter eines Autors, voll Begeisterung und Neugierde. Und finden immer ganz genau die richtigen Worte, die den Inhalt von der Seite funkeln lassen. Sie sind in das Abenteuer »Sind wir allein im Universum?« begeistert eingetaucht, bis zu den neuen Welten unter den Sternen durch durchgearbeitete Nächte von Chicago bis Salzburg.

Ein riesiges Danke an Dimitar, Malcolm, Natalie, Jonathan, David, Wes und Ann für ihre Zeit, die unzähligen spannenden Unterhaltungen und dafür, dass sie diese Entdeckungsreise überhaupt möglich machen. Viele der Entdeckungen, die in diesem Buch beschrieben sind, wären ohne mein hervorragendes Team nicht möglich – Sarah, Sid, Yamila, Illeana, Ramses, Jack, Thea und Jack. Sie erkunden mit mir täglich neue Welten und stecken dabei noch dazu jeden mit ihrer Begeisterung an.

Dass sich Hans-Walter, Anna, Maryam und Wolfgang trotz Zeitmangel mit Begeisterung durch das erste, eher zähe Versuchskapitel gewühlt haben, und mir richtig positives, wichtiges Feedback gaben, hat dieses Buch mit Schwung auf die Beine gebracht. Das und die Unterstützung meiner Eltern, die jede einzelne Seite dieses Buches in Erstversion gelesen und mit viel Liebe kommentiert haben, ohne jemals die Begeisterung aufzugeben. Meiner Schwester, die während der letzten Vorbereitungen für ihr Open House Vienna immer noch irgendwo Zeit findet zu schauen, wie es mir und dem Buch geht und meiner ganzen weiteren Familie, die auch ein etwas fernes zweites Zuhause immer zu einem richtig warmen Zuhause macht.

Und all den Freunden, die quer über den Globus verteilt sind, aber denen ich nie verloren gehe, weil sie sich immer wieder die Zeit nehmen, einfach da zu sein. Ohne euch wäre diese Abenteuerreise nach neuen Welten nicht so wunderschön.

Ad Astra

EINES TAGES
WERDEN WIR
AM UFER
EINER NEUEN WELT
ZURÜCK AUF DEN
OZEAN BLICKEN,
DER UNS HIERHER
GEBRACHT HAT.
UND SEINE WELLEN
WERDEN AUS
STERNEN BESTEHEN.

RUI BORGES
-AUTOR-

BIOGRAFIE

Lisa Kaltenegger ist promovierte Astrophysikerin. Seit einigen Jahren forscht sie nach Indikatoren für lebensfreundliche Planeten außerhalb unseres Sonnensystems und hat dazu neue Atmosphären-Modelle entwickelt, die weltweit gefragt sind. Sie gilt als Pionierin ihres Fachgebietes. Nach dem Studium war sie unter anderem bei der Europäischen Weltraumorganisation ESA, an der Harvard Universität und am Max-Planck-Institut für Astronomie tätig. Sie war an der Entdeckung zweier Planeten beteiligt, außerdem wurde ein Asteroid nach ihr benannt. *New York Times*, *Washington Post*, *Die Zeit*, *FAZ*, *Kurier*, *Der Standard*, *Fokus*, *Spiegel* und andere berichteten über ihre Forschungsergebnisse. Kaltenegger ist Direktorin des Carl Sagan Institutes und Professorin an der renommierten Cornell University im US-Bundesstaat New York.